共通テスト 数学 I・A 過去問題集

2025年度版 快速!解答

馬場敬之

MATHEMA

マセマ出版社

◆ はじめに ◆

　皆さん，こんにちは。**マセマの馬場 敬之（ばば けいし）**です。**共通テスト数学 I・A**の過去問について，これから練習していきましょう。

　共通テストというのは，本来は **1** 次試験であり，**2** 次試験を受験するに足るだけの基本的な実力を持っているか，否かを判定するためのテストであるはずなのです。しかし，このところ，**2** 次試験を課さずに，共通テストのみで合否を判定する大学が増えてきたせいもあるのでしょうが，この共通テストも，**2** 次試験化し，単なる単答式の問題から，思考力や論理力を問うような問題が出題されるようになってきました。

　それでは，この共通テスト数学 I・A の特徴を列挙しておきましょう。

(1) まず，一般に，共通テスト数学 I・A では，異常に冗長な長文問題が出題されます。さらに，ヒントを与えるためにということで，花子や太郎という謎のキャラクターまでも登場させて，この冗長度に拍車をかけています。

(2) また，各問いの前半は，解きやすい基本問題が配置されているのですが，後半になると，**2** 次試験レベルの問題も出題されており，短い制限時間内に完答することが難しくなっています。

(3) そして，マークシート形式の試験にも関わらず，論理的な論証問題が出題されることが多く，これもよく練習していないと，受験生は試験場で途方に暮れることになると思います。さらに，後半の問題では，たとえ解法が分かっても，計算が繁雑なため，時間内に結果が出せない場合もあります。(これは作問者が，難易度のレベル設定がよく分かっていないのではないか，と思われます。)

　このように**奇妙な特徴を持つ共通テスト**ですが，それでは打つ手は何もないのか？というと，そうではありません。事実，**マセマ**で学習した受験生が**平均点よりもかなり高得点**で乗り切っていることが，報告されているからです。それは，共通テストも結局は数学のテストであり，対策さえ間違えなければ，実力のある人が，平均点より高い得点になるのは，当然と言えるのです。

　それでは，共通テストを高得点で乗り切るためのポイントを **2** つ示しておきましょう。

ポイント1 まず，**各設問毎に設定した時間を必ず守って解く**ことです。与えられた時間内で，長文の問題であれば，冗長な部分は読み飛ばして，問題の本質をつかみ，できるだけ問題を解き進めて深堀りし，できなかったところは最後は勘でもいいから，解答欄を埋めることです。そして，時間になると，**頭をサッと切り替えて**次の易しい問題に移り，同様のことを繰り返せばいいのです。

ここで，決してやってはいけないことは，後半の解きづらい問題や，計算の繁雑な問題にこだわって時間を消耗してしまうことです。

制限時間を守って解く習慣は，本書の共通テストの過去問を解くことにより，実践的に身に付けていきましょう。

ポイント2 では次に，実力をどのように付けるか？それは，共通テスト用の参考書「**快速！解答 共通テスト数学Ⅰ・A**」と本書（「**共通テスト数学Ⅰ・A 過去問題集**」），および，「**元気が出る数学Ⅰ・A**」と「**元気に伸びる数学Ⅰ・A**」で学習することです。学習法としては，まず各問題を自力で解く練習を **3** 周行いましょう。そして，それ以降は，解答&解説 を隠して問題文だけを読んで，解答を頭の中で組立てる，いわゆる，頭の中でのシミュレーションを **2, 3** 周は行いましょう。この脳内シミュレーションにより，頭の回転が良くなり，問題を見ただけで，解答の前半くらいは浮かぶようになるので，共通テストでも威力を発揮することになります。これで，平均点より **20** 点くらい高い得点が得られるはずです。

さらに，制限時間内で，(★★★) の **2** 次試験レベルの問題に対しても，より深堀りできるようになりたい方は，「**合格数学Ⅰ・A**」や「**実力アップ数学Ⅰ・A 問題集**」まで練習しましょう。これは，本格的な **2** 次試験対策用のものですが，難度が上がってきている共通テスト対策にも有効です。

このように，マセマで学習すれば，共通テストも平均点より高得点で乗り切れます。

頑張る皆さんを，マセマ一同心より応援しています!!

マセマ代表　馬場 敬之

3

◆ 目 次 ◆

[時間] 70分　　　　[満点] 100点

問題・配点と所要時間・出題

問　　題	配点と所要時間	出題	選択方法
第1問 [1]	3点（2分）	数と式	必答
[2]	6点（4分）	集合と論理	必答
[3]	16点（10分）	2次関数	必答
[4]	10点（5分）	整数の性質	必答
第2問 [1]	10点（8分）	三角比	必答
[2]	15点（13分）	データの分析	必答
第3問	20点（14分）	場合の数と確率	いずれか2題選択
第4問	20点（14分）	整数の性質	
第5問	20点（14分）	図形の性質	

第 1 問（必答問題）（配点 35 点）（所要時間 [1] 2分 [2] 4分 [3] 10分 [4] 5分）

[1] $a \neq 0$, $a+b+c=0$, $-a+b+2c=0$ のとき，$b = \boxed{アイ}\,a$, $c = \boxed{ウ}\,a$ より，

$$\frac{ab+bc+ca}{a^2+b^2+c^2} = \frac{\boxed{エオ}}{2} \quad \text{となる。}$$

[2] 次の $\boxed{カ}$ ～ $\boxed{ク}$ に当てはまるものを，下の ⓪～③ のうちから一つずつ
選べ。ただし，a, b, c は実数，$\angle A$ は正の角度とする。

(1) $a = b$ は，$ac = bc$ であるための $\boxed{カ}$。

(2) $a > b$ は，$a^2 > b^2$ であるための $\boxed{キ}$。

(3) $\angle A > 90°$ は，$\triangle ABC$ が鈍角三角形であるための $\boxed{ク}$。

⓪ 必要十分条件である　　① 必要条件であるが，十分条件ではない
② 十分条件であるが，必要条件ではない
③ 必要条件でも，十分条件でもない

8

[3] 2 次関数 $y = x^2 - ax$ ……① で表される放物線の頂点の座標は

$\left(\dfrac{a}{\boxed{ケ}}, \ -\dfrac{a^2}{\boxed{コ}} \right)$ である。

$2 \leq x \leq 5$ の範囲における①の最大値と最小値の差を d とおく。

(1) $a = 6$ のとき，$d = \boxed{サ}$ である。

(2) d は，次のように a の値の範囲により，4 通りに場合分けされる。

(ⅰ) $a \leq \boxed{シ}$ のとき，$d = -3a + \boxed{スセ}$

(ⅱ) $\boxed{シ} < a \leq \boxed{ソ}$ のとき，$d = \dfrac{a^2}{4} - \boxed{タ}a + \boxed{チツ}$

(ⅲ) $\boxed{ソ} < a \leq \boxed{テト}$ のとき，$d = \dfrac{a^2}{4} - \boxed{ナ}a + \boxed{ニ}$

(ⅳ) $\boxed{テト} < a$ のとき，$d = 3a - \boxed{ヌネ}$

[4] 正の整数 x, y が，

$5x - 8y = 32$ ……㋐，$x + y < 55$ ……㋑ をみたすものとする。

このとき，$\boxed{ヒ}$ に当てはまるものを下の①〜③のうちから一つ選べ。
㋐を変形すると，$5x = \boxed{ノ}\left(y + \boxed{ハ} \right)$ である。ここで，
5 と $\boxed{ノ}$ は $\boxed{ヒ}$ である。

① 互いに共役　　② 互いに素　　③ 互いに正則

よって，正の整数 k を用いて，

$x = \boxed{フ}k$, $y = \boxed{ヘ}k - 4$ と表される。

さらに，㋑の条件より，これをみたす整数の組 (x, y) は全部で $\boxed{ホ}$ 組ある。

第 2 問 （必答問題）（配点 25 点）（所要時間 [1] 8 分 [2] 13 分）

[1] 円に内接する四角形 ABCD があり，BC = 5，CD = 5，DA = 8，
∠ABC = 120° である。このとき，

AB = $\boxed{ア}$，AC = $\boxed{イ}$ である。

また，四角形 ABCD の面積は $\dfrac{\boxed{ウエ}\sqrt{\boxed{オ}}}{\boxed{カ}}$ であり，四角形 ABCD

の外接円の半径は，$\dfrac{\boxed{キ}\sqrt{\boxed{ク}}}{\boxed{ケ}}$ である。

[2] 右の表は，**10**名からなるある少人数クラスを**I**班と**II**班に分けて，**100**点満点で実施した数学と英語のテストの得点をまとめたものである。ただし，表中の平均値はそれぞれ数学と英語のクラス全体の平均値を表している。また，**A**，**B**の値はいずれも整数とする。

以下，小数の形で解答する場合は，指定された桁数の一つ下の桁を四捨五入し，解答せよ。途中で割り切れた場合は，指定された桁まで⓪にマークすること。

班	番号	数学	英語
I	1	40	43
	2	63	55
	3	59	B
	4	35	64
	5	43	36
II	1	A	48
	2	51	46
	3	57	71
	4	32	65
	5	34	50
平均値		45.0	54

(1) 数学の得点について，**I**班の平均値は $\boxed{コサ}.\boxed{シ}$ 点である。また，クラス全体の平均値は **45.0** 点であるので，**II**班の**1**番目の生徒の数学の得点 **A** は $\boxed{スセ}$ 点である。

(2) **II**班の数学と英語の得点について，数学と英語の分散はともに**101.2**である。したがって，相関係数は $\boxed{ソ}.\boxed{タチ}$ である。

(3) **I**班の**3**番目の生徒の英語の得点 **B** は $\boxed{ツテ}$ 点である。クラス全体の英語の得点データの第**1**四分位数は $\boxed{トナ}$ であり，第**2**四分位数(中央値)は $\boxed{ニヌ}.\boxed{ネ}$ であり，第**3**四分位数は $\boxed{ノハ}$ である。

第3問 （選択問題）（配点 20点）（所要時間14分）

右図のような基盤目状の経路上を，A，B 2つの地点から，それぞれ2つの動点 Q，R を次のように移動させる。サイコロを1回投げて，

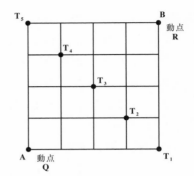

(ⅰ) 1，2，3，4の目が出るとき，Q は右に1区間，R は下に1区間だけ移動させる。

(ⅱ) 5，6の目が出るとき，Q は上に1区間，R は左に1区間だけ移動させる。

(1) このようにすると，サイコロを4回投げた時点で，2点 Q，R は，5つの地点 T_1，T_2，T_3，T_4，T_5 のいずれかで出会うことになる。T_k で出会う確率を P_k ($k = 1$，2，3，4，5) とおくと，

$$P_1 = \frac{\boxed{アイ}}{\boxed{ウエ}}, \quad P_2 = \frac{\boxed{オカ}}{\boxed{キク}}, \quad P_3 = \frac{\boxed{ケ}}{\boxed{コサ}},$$

$$P_4 = \frac{\boxed{シ}}{\boxed{スセ}}, \quad P_5 = \frac{\boxed{ソ}}{\boxed{タチ}} \text{ である。}$$

(2) Q，R が T_3 で出会うという条件の下で，サイコロを4回投げて初めの2回続けて1，2，3，4のいずれかの目が出る条件付き確率は $\frac{\boxed{ツ}}{\boxed{テ}}$ である。（ただし，確率はすべて既約分数で答えよ。）

第 4 問 (選択問題) (配点 20 点) (所要時間 14 分)

5 進法で表される 3 桁の数 $abc_{(5)}$ を，7 進法で表すと 3 桁の数 $cba_{(7)}$ となった。

(ただし，右下の添字 $_{(n)}$ は，その数が n 進法表示であることを表す。)

(1) a，b，c を次の手順に従って求めよ。

$abc_{(5)} = cba_{(7)}$ ……① ($1 \leqq a \leqq 4$，$\boxed{ア} \leqq b \leqq 4$，$1 \leqq c \leqq 4$) とおく。

①の両辺を 10 進法で表すと，

$\boxed{イウ}\,a + \boxed{エ}\,b + c = \boxed{オカ}\,c + \boxed{キ}\,b + a$ ……② となる。

②をまとめると，$b = \boxed{クケ}\,(a - \boxed{コ}\,c)$ ……③ となる。

$a - \boxed{コ}\,c$ は整数より，b は $\boxed{クケ}$ の倍数である。

よって，$b = \boxed{サ}$ である。

これから，$a = \boxed{シ}\,c$ ……④ である。以上より，

$(a，b，c) = (\boxed{ス}，\boxed{サ}，\boxed{セ})$ または $(\boxed{ソ}，\boxed{サ}，\boxed{タ})$ である。

(ただし，$\boxed{ス} < \boxed{ソ}$ とする。)

(2) $(a，b，c) = (\boxed{ソ}，\boxed{サ}，\boxed{タ})$ のとき，$abc_{(5)}$ は次のように表示できる。

(i) $abc_{(5)} = \boxed{チツテ}_{(8)}$

(ii) $abc_{(5)} = \boxed{トナニヌネ}_{(3)}$

13

第5問 (選択問題)(配点 20点)(所要時間14分)

$\triangle ABC$ において，$AB = AC = 5$，$BC = \sqrt{5}$ とする。辺 AC 上に点 D を $AD = 3$ となるようにとり，辺 BC の B の側の延長と $\triangle ABD$ の外接円との交点で B と異なるものを E とする。

$CE \cdot CB = \boxed{アイ}$ であるから，$BE = \sqrt{\boxed{ウ}}$ である。

$\triangle ACE$ の重心を G とすると，$AG = \dfrac{\boxed{エオ}}{\boxed{カ}}$ である。

AB と DE の交点を P とすると，

$\dfrac{DP}{EP} = \dfrac{\boxed{キ}}{\boxed{ク}}$ ……① である。

$\triangle ABC$ と $\triangle EDC$ において，点 A, B, D, E は同一円周上にあるので，$\angle CAB = \angle CED$ で，$\angle C$ は共通であるから，

$DE = \boxed{ケ}\sqrt{\boxed{コ}}$ ……② である。

①，②から，$EP = \dfrac{\boxed{サ}\sqrt{\boxed{シ}}}{\boxed{ス}}$ である。

14

［時間］70分　　　　［満点］100点

問題・配点と所要時間・出題

問　　題	配点と所要時間	出題	選択方法
第1問 [1]	7点（4分）	数と式	必答
[2]	8点（5分）	集合と論理	必答
[3]	10点（6分）	2次関数	必答
[4]	10点（6分）	集合と論理	必答
第2問 [1]	10点（8分）	三角比	必答
[2]	15点（13分）	データの分析	必答
第3問	20点（14分）	場合の数と確率	いずれか2題選択
第4問	20点（14分）	整数の性質	
第5問	20点（14分）	図形の性質	

第 1 問 (**必答問題**) (**配点 35 点**) (**所要時間** [1] 4分 [2] 5分 [3] 6分 [4] 6分)

[1] 実数 x, y が, $x+y = -1$, $x^3+y^3 = -19$ をみたすとき, $xy = \boxed{アイ}$ であり,

$x^2+y^2 = \boxed{ウエ}$, $x^5+y^5 = -\boxed{オカキ}$ である。

[2] 次の $\boxed{ク}$ 〜 $\boxed{サ}$ に当てはまるものを, 下の ⓪〜③ のうちから一つ
ずつ選べ。

(1) 「$a > 0$」 は, 「$a \geqq 0$」 であるための $\boxed{ク}$。

(2) 「$a = 0$」 は, 「$a^2 + b^2 + c^2 = 0$」 であるための $\boxed{ケ}$。

(3) 「$ab = 0$」 は, 「$a = 0$ かつ $b = 0$」 であるための $\boxed{コ}$。

(4) 「$a^2 + b^2 = 1$」 は, 「$a + b = 0$」 であるための $\boxed{サ}$。

⓪ 必要十分条件である

① 必要条件であるが, 十分条件ではない

② 十分条件であるが, 必要条件ではない

③ 必要条件でも十分条件でもない

16

[3] 2 次関数 $y = x^2 - 2ax + 2a^2 - a - 6$ ……① $(a：定数)$ で表される
放物線を C とおく。

(1) $a = 1$ のとき $-1 \leqq x \leqq 2$ における 2 次関数①の最小値は $\boxed{シス}$ であり，
最大値は $\boxed{セソ}$ である。

(2) 放物線 C が x 軸と異なる 2 点で交わるとき，

$\boxed{タチ} < a < \boxed{ツ}$ である。

この異なる 2 交点での x 座標が共に 1 より大きいとき，

$\dfrac{\boxed{テ}}{\boxed{ト}} < a < \boxed{ナ}$ である。

[4] 正の有理数 a, b と無理数 $\sqrt{3}$ が，次の関係式をみたすものとする。

$$\sqrt{3}\, a^2 + 2a - \sqrt{3}\, b^2 - b = 1 - 5\sqrt{3} \quad \text{……①}$$

このとき，次の $\boxed{ニ}$，$\boxed{ヌ}$，$\boxed{ネ}$，$\boxed{ノ}$ に当てはまるものを下の ⓪〜⑦
のうちから一つずつ選べ。ただし，重複して選んでもよい。

①を $\sqrt{3}$ でまとめると，

$(a^2 - b^2 + 5)\sqrt{3} + 2a - b - 1 = 0$ ……② となる。

ここで，$a^2 - b^2 + 5 \boxed{ニ}$ であると仮定すると，$\sqrt{3} = \boxed{ヌ}$ となり，

$\sqrt{3}$ は有理数となって矛盾する。よって，$a^2 - b^2 + 5 \boxed{ネ}$ ……③ である。

③を②に代入すると，$2a - b - 1 \boxed{ノ}$ ……④ となる。

⓪ $= 0$	① $\neq 0$	② $= 1$	③ $\neq 1$
④ $a^2 - b^2 + 5$	⑤ $2a - b - 1$	⑥ $\dfrac{-2a + b + 1}{a^2 - b^2 + 5}$	⑦ $\dfrac{a^2 - b^2 + 5}{-2a + b + 1}$

これから，有理数 a, b の値を求めると，$a = \boxed{ハ}$，$b = \boxed{ヒ}$ である。

第 2 問 （必答問題）（配点 25 点）（所要時間 [1] 8 分 [2] 13 分）

[1] 1 辺の長さ **4** の立方体 **ABCD-EFGH** の
辺 **AB** 上に点 **P** を，辺 **BF** 上に点 **Q** をとり，
BP $= t$，**BQ** $= 4-t$ $(0 \leq t \leq 4)$ とする。このとき，

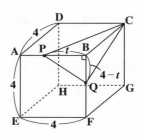

(1) $\mathbf{PQ}^2 = \boxed{ア}\, t^2 - \boxed{イ}\, t + \boxed{ウエ}$ より，

$t = \boxed{オ}$ のとき，$\mathbf{PQ}^2$，すなわち

PQ は最小になる。

(2) $t = \boxed{オ}$ のとき，$\angle \mathbf{CPQ} = \theta$ とおくと，$\sin \theta = \dfrac{\boxed{カ}\sqrt{\boxed{キク}}}{\boxed{ケコ}}$

である。また，$\triangle \mathbf{CPQ}$ の面積は $\boxed{サ}$ である。

[2] 30 人のクラスにおいて 2 回試験を行ったところ 2 回とも全員が受験し，得点の平均値と分散について，以下の表のような結果を得た。2 回全体の得点の分散は 44 であり，1 回目と 2 回目の得点の共分散は 20 であった。

(1) 1 回目と 2 回目の得点の平均値を m_X, m_Y,

	平均値	分散
1 回目	62	36
2 回目	60	S_Y^2
全体	m_T	44

分散を S_X^2, S_Y^2 とおくと，表より，

$m_X = 62$, $m_Y = 60$, $S_X^2 = \boxed{シス}$ である。

S_Y^2 を次の手順に従って求めよ。

1 回目の得点データを x_1, x_2, …, x_{30}

2 回目の得点データを y_1, y_2, …, y_{30} とおき，

$\alpha = x_1^2 + x_2^2 + \cdots + x_{30}^2$, $\beta = y_1^2 + y_2^2 + \cdots + y_{30}^2$ とおくと，

$S_X^2 = \dfrac{1}{\boxed{セソ}}\alpha - \boxed{タチ}^2 = \boxed{シス}$ より，

$\alpha = \boxed{セソ}(\boxed{シス} + \boxed{タチ}^2)$ ……① である。同様に，

$S_Y^2 = \dfrac{1}{\boxed{セソ}}\beta - \boxed{ツテ}^2$ より，

$\beta = \boxed{セソ}(S_Y^2 + \boxed{ツテ}^2)$ ……② である。

次に，2 回の試験全体の得点の平均値を m_T，分散を S_T^2 とおくと，

$m_T = \boxed{トナ}$ ……③ であり，$S_T^2 = 44$ である。

よって，$S_T^2 = \dfrac{1}{\boxed{ニヌ}}(\alpha + \beta) - \boxed{トナ}^2 = 44$ ……④（③より）である。

④に①，②を代入して，S_Y^2 を求めると，$S_Y^2 = \boxed{ネノ}$ である。

(2) 1 回目と 2 回目の得点の共分散を S_{XY} とおくと，$S_{XY} = 20$ より，この相関係数を r_{XY} とおけば，

$r_{XY} = \dfrac{\sqrt{\boxed{ハ}}}{\boxed{ヒ}}$ である。

第 3 問（選択問題）（配点 20 点）（所要時間 14 分）

1 から 4 までの番号がつけられた赤玉 4 個が袋 A に入っている。同様に，1 から 4 までの番号がつけられた青玉 4 個が袋 B に入っている。袋 A，B のそれぞれから 2 個ずつ玉を取り出す。

(1) 袋 A から取り出した 2 個の赤玉の番号が 1 と 2 であり，かつ袋 B から取り出した 2 個の青玉の番号も 1 と 2 である確率は $\dfrac{\boxed{ア}}{\boxed{イ\,ウ}}$ である。

(2) 袋 A から取り出した 2 個の赤玉の番号と袋 B から取り出した 2 個の青玉の番号のうち，共通の番号が少なくとも一つある確率は $\dfrac{\boxed{エ}}{\boxed{オ}}$ である。

(3) 袋 A から取り出した 2 個の赤玉の番号の和を a，袋 B から取り出した 2 個の青玉の番号の和を b とする。

(ⅰ) $a = b = 5$ である確率は $\dfrac{\boxed{カ}}{\boxed{キ}}$ であり，$a = b$ である確率は $\dfrac{\boxed{ク}}{\boxed{ケ}}$ である。

(ⅱ) $a = b$ であるという条件の下で，$a = b = 5$ となる条件付き確率は $\dfrac{\boxed{コ}}{\boxed{サ}}$ である。

第 4 問 （選択問題）（配点 20 点）（所要時間 14 分）

n を自然数とするとき，5^n を 7 で割った余りを $a(n)$ とする。

(1) このとき，

$a(1) = \boxed{\text{ア}}$，$a(2) = \boxed{\text{イ}}$，$a(3) = \boxed{\text{ウ}}$，$a(4) = \boxed{\text{エ}}$，

$a(5) = \boxed{\text{オ}}$，$a(6) = \boxed{\text{カ}}$，$a(7) = \boxed{\text{キ}}$，$a(8) = \boxed{\text{ク}}$ である。

(2) $a(1) + a(2) + \cdots + a(n) = b(n)$ ……① $(n = 1, 2, 3, \cdots)$

とおく。このとき，

$b(100)$ を 3 で割った余りは $\boxed{\text{ケ}}$ である。

$b(100)$ を 7 で割った余りは $\boxed{\text{コ}}$ である。

第 5 問（選択問題）（配点 20 点）（所要時間14分）

三角形 **ABC** の辺 **BC** の中点を **D**，∠**A** の二等
分線と辺 **BC** の交点を **E** とする。**CA**＜**AB** で，
三角形 **ADE** の外接円と辺 **CA**，**AB** とはそれぞ
れ **A** と異なる交点 **F**，**G** をもつとする。このとき，
BG＝**CF** であることを証明する。

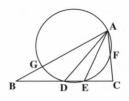

文章中の $\boxed{\text{ア}}$ ～ $\boxed{\text{ク}}$ に当てはまるものを，下の⓪～⑨のうちから一つず
つ選べ。ただし，同じものを繰り返し選んでもよい。

⓪ ab　① bc　② ac　③ a^2　④ $b+c$　⑤ $2(a+b)$　⑥ $2(b+c)$

⑦ **AEF**　⑧ **FEC**　⑨ **GDB**

[証明] BC＝a，**CA**＝b，**AB**＝c とする。**AE** が∠**A** の二等分線であるから，

$$\text{BE}＝\frac{\boxed{\text{ア}}}{\boxed{\text{イ}}}, \quad \text{EC}＝\frac{\boxed{\text{ウ}}}{\boxed{\text{エ}}}$$

である。また，四角形 **AGDE** は円に内接するから∠**EAB**＝∠$\boxed{\text{オ}}$ となり，
∠**B** が共通だから△**EAB** と△$\boxed{\text{オ}}$ は相似である。

したがって，**BG**＝$\dfrac{\boxed{\text{カ}}}{\boxed{\text{キ}}}$ である。同様に，四角形 **AFED** も円に内接す

るから∠**DAC**＝∠$\boxed{\text{ク}}$ であり，△**DAC** と△$\boxed{\text{ク}}$ も相似である。

よって **CF**＝$\dfrac{\boxed{\text{カ}}}{\boxed{\text{キ}}}$ が成り立ち，**BG**＝**CF** が示された。

[時間] 70分　　　　[満点] 100点

問題・配点と所要時間・出題

問　　題	配点と所要時間	出題	選択方法
第1問 [1]	10点 (7分)	2次方程式	必答
[2]	20点 (14分)	三角比	必答
第2問 [1]	15点 (10.5分)	2次関数	必答
[2]	15点 (10.5分)	データの分析	必答
第3問	20点 (14分)	場合の数と確率	いずれか2題選択
第4問	20点 (14分)	整数の性質	
第5問	20点 (14分)	図形の性質	

第 1 問（必答問題）（配点 30点）（所要時間 [1] 7分　[2] 14分）

[1] c を正の整数とする。x の 2 次方程式
$2x^2 + (4c-3)x + 2c^2 - c - 11 = 0$ ……① について考える。

(1) $c = 1$ のとき，①の左辺を因数分解すると

$\left(\boxed{ア}x + \boxed{イ}\right)\left(x - \boxed{ウ}\right)$ であるから，①の解は

$x = -\dfrac{\boxed{イ}}{\boxed{ア}},\ \boxed{ウ}$ である。

(2) $c = 2$ のとき，①の解は

$x = \dfrac{-\boxed{エ} \pm \sqrt{\boxed{オカ}}}{\boxed{キ}}$ であり，大きい方の解を α とすると

$\dfrac{5}{\alpha} = \dfrac{\boxed{ク} + \sqrt{\boxed{ケコ}}}{\boxed{サ}}$

である。また，$m < \dfrac{5}{\alpha} < m + 1$ を満たす整数 m は $\boxed{シ}$ である。

(3) 太郎さんと花子さんは，①の解について考察している。

> 太郎：①の解は c の値によって，ともに有理数である場合もあれ
> ば，ともに無理数である場合もあるね。c がどのような値
> のときに，解は有理数になるのかな。
> 花子：2 次方程式の解の公式の根号の中に着目すればいいんじゃ
> ないかな。

①の解が異なる二つの有理数であるような正の整数 c の個数は
$\boxed{ス}$ 個である。

[2] 右図のように △ABC の外側に辺 AB，BC，CA をそれぞれ 1 辺とする
正方形 ADEB，BFGC，CHIA をかき，
2 点 E と F，G と H，I と D をそれぞれ線
分で結んだ図形を考える。以下において
BC = a，CA = b，AB = c
∠CAB = A，∠ABC = B，∠BCA = C
とする。

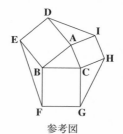

参考図

24

(1) $b = 6$, $c = 5$, $\cos A = \dfrac{3}{5}$ のとき, $\sin A = \dfrac{\boxed{セ}}{\boxed{ソ}}$ であり,

△ABC の面積は $\boxed{タチ}$, △AID の面積は $\boxed{ツテ}$ である。

(2) 正方形 BFGC, CHIA, ADEB の面積をそれぞれ S_1, S_2, S_3 とする。このとき, $S_1 - S_2 - S_3$ は

・$0° < A < 90°$ のとき, $\boxed{ト}$。

・$A = 90°$ のとき, $\boxed{ナ}$。

・$90° < A < 180°$ のとき, $\boxed{ニ}$。

$\boxed{ト} \sim \boxed{ニ}$ の解答群 (同じものを繰り返し選んでもよい。)

⓪ 0 である
① 正の値である
② 負の値である
③ 正の値も負の値もとる

(3) △AID, △BEF, △CGH の面積をそれぞれ T_1, T_2, T_3 とする。このとき, $\boxed{ヌ}$ である。

$\boxed{ヌ}$ の解答群

⓪ $a < b < c$ ならば, $T_1 > T_2 > T_3$
① $a < b < c$ ならば, $T_1 < T_2 < T_3$
② A が鈍角ならば, $T_1 < T_2$ かつ $T_1 < T_3$
③ a, b, c の値に関係なく, $T_1 = T_2 = T_3$

(4) △ABC, △AID, △BEF, △CGH のうち, 外接円の半径が最も小さいものを求める。

$0° < A < 90°$ のとき, ID $\boxed{ネ}$ BC であり

(△AID の外接円の半径) $\boxed{ノ}$ (△ABC の外接円の半径)

であるから, 外接円の半径が最も小さい三角形は

・$0° < A < B < C < 90°$ のとき, $\boxed{ハ}$ である。

・$0° < A < B < 90° < C$ のとき, $\boxed{ヒ}$ である。

$\boxed{ネ}$, $\boxed{ノ}$ の解答群 (同じものを繰り返し選んでもよい。)

⓪ $<$	① $=$	② $>$

$\boxed{ハ}$, $\boxed{ヒ}$ の解答群 (同じものを繰り返し選んでもよい。)

⓪ △ABC	① △AID	② △BEF	③ △CGH

第2問 (必答問題) (配点 30点) (所要時間 [1] 10.5分 [2] 10.5分)

[1] 陸上競技の短距離 **100m** 走では，**100m** を走るのにかかる時間 (以下，タイムと呼ぶ) は，**1** 歩あたりの進む距離 (以下，ストライドと呼ぶ) と **1** 秒あたりの歩数 (以下，ピッチと呼ぶ) に関係がある。ストライドとピッチはそれぞれ以下の式で与えられる。

$$ストライド (m/歩) = \frac{100(m)}{100mを走るのにかかった歩数 (歩)}$$

$$ピッチ (歩/秒) = \frac{100mを走るのにかかった歩数 (歩)}{タイム (秒)}$$

ただし，**100m** を走るのにかかった歩数は，最後の **1** 歩がゴールラインをまたぐこともあるので，小数で表される。以下，単位は必要のない限り省略する。

例えば，タイムが **10.81** で，そのときの歩数が **48.5** であったとき，ストライドは $\frac{100}{48.5}$ より約 **2.06**，ピッチは $\frac{48.5}{10.81}$ より約 **4.49** である。

なお，小数の形で解答する場合，**解答上の注意**にあるように，指定された桁数の一つ下の桁を四捨五入して答えよ。また，必要に応じて，指定された桁まで⓪にマークせよ。

(1) ストライドを x，ピッチを z とおく。ピッチは **1** 秒あたりの歩数，ストライドは **1** 歩あたりの進む距離なので，**1** 秒あたりの進む距離すなわち平均速度は，x と z を用いて $\boxed{ア}$ (m/秒) と表される。

これより，タイムと，ストライド，ピッチとの関係は

$$タイム = \frac{100}{\boxed{ア}} \quad \cdots\cdots①$$ と表されるので，$\boxed{ア}$ が最大になるときにタイムが最もよくなる。ただし，タイムがよくなるとは，タイムの値が小さくなることである。

$\boxed{ア}$ の解答群

⓪ $x + z$	① $z - x$	② xz
③ $\dfrac{x+z}{2}$	④ $\dfrac{z-x}{2}$	⑤ $\dfrac{xz}{2}$

(2) 男子短距離 100m 走の選手である太郎さんは，①に着目して，タイムが最もよくなるストライドとピッチを考えることにした。

次の表は，太郎さんが練習で 100m を 3 回走ったときのストライドとピッチのデータである。

	1回目	2回目	3回目
ストライド	2.05	2.10	2.15
ピッチ	4.70	4.60	4.50

また，ストライドとピッチにはそれぞれ限界がある。太郎さんの場合，ストライドの最大値は 2.40，ピッチの最大値は 4.80 である。

太郎さんは，上の表から，ストライドが 0.05 大きくなるとピッチが 0.1 小さくなるという関係があると考えて，ピッチがストライドの 1 次関数として表されると仮定した。このとき，ピッチ z はストライド x を用いて

$$z = \boxed{イウ}\,x + \frac{\boxed{エオ}}{5} \quad \cdots\cdots② \quad \text{と表される。}$$

②が太郎さんのストライドの最大値 2.40 とピッチの最大値 4.80 まで成り立つと仮定すると，x の値の範囲は次のようになる。

$$\boxed{カ}.\boxed{キク} \leqq x \leqq 2.40$$

$y = \boxed{ア}$ とおく。②を $y = \boxed{ア}$ に代入することにより，y を x の関数として表すことができる。太郎さんのタイムが最もよくなるストライドとピッチを求めるためには，$\boxed{カ}.\boxed{キク} \leqq x \leqq 2.40$ の範囲で y の値を最大にする x の値を見つければよい。このとき，y の値が最大になるのは $x = \boxed{ケ}.\boxed{コサ}$ のときである。

よって，太郎さんのタイムが最もよくなるのは，ストライドが の $\boxed{ケ}.\boxed{コサ}$ ときであり，このとき，ピッチは $\boxed{シ}.\boxed{スセ}$ である。また，このときの太郎さんのタイムは，①により $\boxed{ソ}$ である。

$\boxed{ソ}$ については，最も適当なものを，次の ⓪ ～ ⑤ のうちから一つ選べ。

⓪ 9.68	① 9.97	② 10.09
③ 10.33	④ 10.42	⑤ 10.55

[2] 就業者の従事する産業は，勤務する事業所の主な経済活動の種類によって，第1次産業 (農業，林業と漁業)，第2次産業 (鉱業，建設業と製造業)，第3次産業 (前記以外の産業) の三つに分類される。国の労働状況の調査 (国勢調査) では，47の都道府県別に第1次，第2次，第3次それぞれの産業ごとの就業者数が発表されている。ここでは都道府県別に，就業者数に対する各産業に就業する人数の割合を算出したものを，各産業の「就業者数割合」と呼ぶことにする。

(1) 図1は，1975年度から2010年度まで5年ごとの8個の年度 (それぞれを時点という) における都道府県別の三つの産業の就業者数割合を箱ひげ図で表したものである。各時点の箱ひげ図は，それぞれ上から順に第1次産業，第2次産業，第3次産業のものである。

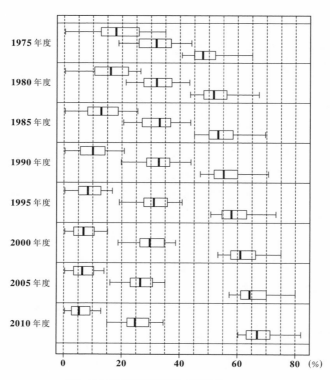

図1　三つの産業の就業者数割合の箱ひげ図

次の⓪～⑤のうち，図1から読み取れることとして正しくない
ものは タ と チ である。

タ ， チ の解答群 (解答の順序は問わない。)

⓪ 第1次産業の就業者数割合の四分位範囲は，2000年度までは，後
の時点になるにしたがって減少している。

① 第1次産業の就業者数割合について，左側のひげの長さと右側のひ
げの長さを比較すると，どの時点においても左側の方が長い。

② 第2次産業の就業者数割合の中央値は，1990年度以降，後の時点
になるにしたがって減少している。

③ 第2次産業の就業者数割合の第1四分位数は，後の時点になるに
したがって減少している。

④ 第3次産業の就業者数割合の第3四分位数は，後の時点になるに
したがって増加している。

⑤ 第3次産業の就業者数割合の最小値は，後の時点になるにした
がって増加している。

---

(2) (1)で取り上げた8時点の中から5時点を取り出して考える。各時
点における都道府県別の，第1次産業と第3次産業の就業者数割
合のヒストグラムを一つのグラフにまとめてかいたものが次ペー
ジの五つのグラフである。それぞれの右側の網掛けしたヒストグ
ラムが第3次産業のものである。なお，ヒストグラムの各階級の
区間は，左側の数値を含み，右側の数値を含まない。

・1985年度におけるグラフは ツ である。

・1995年度におけるグラフは テ である。

ツ ， テ については，最も適当なものを，次の⓪～④のうちか
ら一つずつ選べ。ただし，同じものを繰り返し選んでもよい。

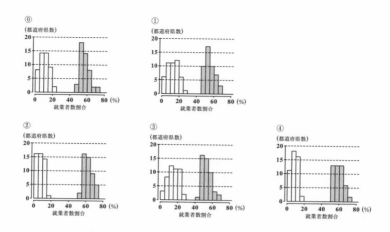

(3) 三つの産業から二つずつを組み合わせて都道府県別の就業者数割合の散布図を作成した。図2の散布図群は，左から順に1975年度における第1次産業(横軸)と第2次産業(縦軸)の散布図，第2次産業(横軸)と第3次産業(縦軸)の散布図，および第3次産業(横軸)と第1次産業(縦軸)の散布図である。また，図3は同様に作成した2015年度の散布図群である。

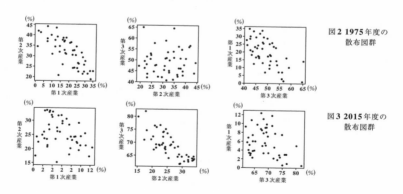

図2 1975年度の散布図群

図3 2015年度の散布図群

下の (Ⅰ), (Ⅱ), (Ⅲ) は，**1975** 年度を基準としたときの，**2015** 年度の変化を記述したものである。ただし，ここで「相関が強くなった」とは，相関係数の絶対値が大きくなったことを意味する。

(Ⅰ) 都道府県別の第 1 次産業の就業者数割合と第 2 次産業の就業者数割合の間の相関は強くなった。

(Ⅱ) 都道府県別の第 2 次産業の就業者数割合と第 3 次産業の就業者数割合の間の相関は強くなった。

(Ⅲ) 都道府県別の第 3 次産業の就業者数割合と第 1 次産業の就業者数割合の間の相関は強くなった。

(Ⅰ), (Ⅱ), (Ⅲ) の正誤の組合せとして正しいものは $\boxed{ト}$ である。
$\boxed{ト}$ の解答群

	⓪	①	②	③	④	⑤	⑥	⑦
(Ⅰ)	正	正	正	正	誤	誤	誤	誤
(Ⅱ)	正	正	誤	誤	正	正	誤	誤
(Ⅲ)	正	誤	正	誤	正	誤	正	誤

(4) 各都道府県別の就業者数の内訳として男女別の就業者数も発表されている。そこで，就業者数に対する男性・女性の就業者数の割合をそれぞれ「男性の就業者数割合」「女性の就業者数割合」と呼ぶことにし，これらを都道府県別に算出した。図 4 は，2015 年度における都道府県別の，第 1 次産業の就業者数割合 (横軸) と，男性の就業者数割合 (縦軸) の散布図である。

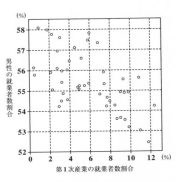

図 4　都道府県別の，第 1 次産業の就業者数割合と，男性の就業者数割合の散布図

31

各都道府県の，男性の就業者数と女性の就業者数を合計すると就業者数の全体となることに注意すると，**2015年度における都道府県別の，第1次産業の就業者数割合（横軸）と，女性の就業者数割合（縦軸）の散布図は** ナ **である。**

ナ については，最も適当なものを，下の⓪〜③のうちから一つ選べ。なお，設問の都合で各散布図の横軸と縦軸の目盛りは省略しているが，横軸は右方向，縦軸は上方向がそれぞれ正の方向である。

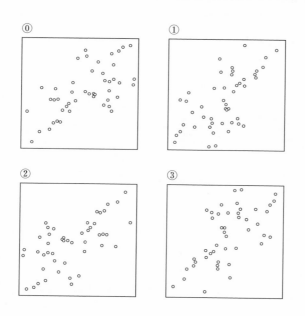

第 3 問 （選択問題）（配点 20 点）（所要時間 14 分）

中にくじが入っている箱が複数あり，各箱の外見は同じであるが，当り
くじを引く確率は異なっている。くじ引きの結果から，どの箱からくじを
引いた可能性が高いかを，条件付き確率を用いて考えよう。

(1) 当りくじを引く確率が $\dfrac{1}{2}$ である箱 A と，当りくじを引く確率が $\dfrac{1}{3}$ で
ある箱 B の二つの箱の場合を考える。

 （ⅰ）各箱で，くじを 1 本引いてはもとに戻す試行を 3 回繰り返したとき

  箱 A において，3 回中ちょうど 1 回当たる確率は $\dfrac{\boxed{ア}}{\boxed{イ}}$ …①

  箱 B において，3 回中ちょうど 1 回当たる確率は $\dfrac{\boxed{ウ}}{\boxed{エ}}$ …② である。

 （ⅱ）まず，A と B のどちらか一方の箱をでたらめに選ぶ。次にその選
  んだ箱において，くじを 1 本引いてはもとに戻す試行を 3 回繰り
  返したところ，3 回中ちょうど 1 回当たった。このとき，箱 A が
  選ばれる事象を A，箱 B が選ばれる事象を B，3 回中ちょうど 1
  回当たる事象を W とすると

$$P(A \cap W) = \frac{1}{2} \times \frac{\boxed{ア}}{\boxed{イ}}, \quad P(B \cap W) = \frac{1}{2} \times \frac{\boxed{ウ}}{\boxed{エ}}$$

  である。$P(W) = P(A \cap W) + P(B \cap W)$ であるから，3 回中ちょうど
  1 回当たったとき，選んだ箱が A である条件付き確率 $P_W(A)$ は
  $\dfrac{\boxed{オカ}}{\boxed{キク}}$ となる。また，条件付き確率 $P_W(B)$ は $\dfrac{\boxed{ケコ}}{\boxed{サシ}}$ となる。

(2) (1) の $P_W(A)$ と $P_W(B)$ について，次の**事実 (*)** が成り立つ。

> **事実 (*)**
>
> $P_W(A)$ と $P_W(B)$ の $\boxed{ス}$ は，①の確率と②の確率の $\boxed{ス}$ に等しい。

$\boxed{ス}$ の解答群

⓪ 和	① 2乗の和	② 3乗の和	③ 比	④ 積

33

(3) 花子さんと太郎さんは**事実 (*)** について話している。

> 花子：**事実 (*)** はなぜ成り立つのかな？
>
> 太郎：$P_W(A)$ と $P_W(B)$ を求めるのに必要な $P(A \cap W)$ と $P(B \cap W)$ の計算で，①，②の確率に同じ数 $\dfrac{1}{2}$ をかけているからだよ。
>
> 花子：なるほどね。外見が同じ三つの箱の場合は，同じ数 $\dfrac{1}{3}$ をかけることになるので同様のことが成り立ちそうだね。

当りくじを引く確率が，$\dfrac{1}{2}$ である箱 **A**，$\dfrac{1}{3}$ である箱 **B**，$\dfrac{1}{4}$ である箱 **C** の三つの箱の場合を考える。まず，**A**，**B**，**C** のうちどれか一つの箱をでたらめに選ぶ。次にその選んだ箱において，くじを 1 本引いてはもとに戻す試行を 3 回繰り返したところ，3 回中ちょうど 1 回当たった。このとき，選んだ箱が **A** である条件付き確率は $\dfrac{\boxed{セソタ}}{\boxed{チツテ}}$ となる。

(4)
> 花子：どうやら箱が三つの場合でも，条件付き確率の $\boxed{ス}$ は各箱で 3 回中ちょうど 1 回当たりくじを引く確率の $\boxed{ス}$ になっているみたいだね。
>
> 太郎：そうだね。それを利用すると，条件付き確率の値は計算しなくても，その大きさを比較することができるね。

当りくじを引く確率が，$\dfrac{1}{2}$ である箱 **A**，$\dfrac{1}{3}$ である箱 **B**，$\dfrac{1}{4}$ である箱 **C**，$\dfrac{1}{5}$ である箱 **D** の四つの箱の場合を考える。まず，**A**，**B**，**C**，**D** のうちどれか一つの箱をでたらめに選ぶ。次にその選んだ箱において，くじを 1 本引いてはもとに戻す試行を 3 回繰り返したところ，3 回中ちょうど 1 回当たった。このとき，条件付き確率を用いて，どの箱からくじを引いた可能性が高いかを考える。可能性が高い方から順に並べると $\boxed{ト}$ となる。

$\boxed{ト}$ の解答群

⓪ A，B，C，D	① A，B，D，C	② A，C，B，D
③ A，C，D，B	④ A，D，B，C	⑤ B，A，C，D
⑥ B，A，D，C	⑦ B，C，A，D	⑧ B，C，D，A

第 4 問 （選択問題）（配点 20 点）（所要時間14分）

円周上に 15 個の点 P_0, P_1, $\cdots$, P_{14} が反時計回りに順に並んでいる。最初，点 P_0 に石がある。さいころを投げて偶数の目が出たら石を反時計回りに 5 個先の点に移動させ，奇数の目が出たら石を時計回りに 3 個先の点に移動させる。

この操作を繰り返す。たとえば，石が点 P_5 にあるとき，さいころを投げて 6 の目が出たら石を点 P_{10} に移動させる。次に，5 の目が出たら点 P_{10} にある石を点 P_7 に移動させる。

(1) さいころを 5 回投げて，偶数の目が $\boxed{ア}$ 回，奇数の目が $\boxed{イ}$ 回出れば，点 P_0 にある石を点 P_1 に移動させることができる。このとき，

$x = \boxed{ア}$, $y = \boxed{イ}$ は，不定方程式 $5x - 3y = 1$ の整数解になっている。

(2) 不定方程式 $5x - 3y = 8 \cdots\cdots$① のすべての整数解 x, y は k を整数として，

$x = \boxed{ア} \times 8 + \boxed{ウ} k$, $y = \boxed{イ} \times 8 + \boxed{エ} k$

と表される。①の整数解 x, y の中で，$0 \leqq y < \boxed{エ}$ を満たすものは

$x = \boxed{オ}$, $y = \boxed{カ}$ である。したがって，さいころを $\boxed{キ}$ 回投げて，偶数の目が $\boxed{オ}$ 回，奇数の目が $\boxed{カ}$ 回出れば，点 P_0 にある石を点 P_8 に移動させることができる。

(3) (2)において，さいころを $\boxed{キ}$ 回より少ない回数だけ投げて，点 P_0 にある石を点 P_8 に移動させることはできないだろうか。

(*)石を反時計回りまたは時計回りに 15 個先の点に移動させると元の点に戻る。

(*)に注意すると，偶数の目が $\boxed{ク}$ 回，奇数の目が $\boxed{ケ}$ 回出れば，さいころを投げる回数が $\boxed{コ}$ 回で，点 P_0 にある石を点 P_8 に移動させることができる。このとき，$\boxed{コ} < \boxed{キ}$ である。

(4) 点 P_1, P_2, $\cdots$, P_{14} のうちから点を一つ選び，点 P_0 にある石をさいころを何回か投げてその点に移動させる。そのために必要となる，さいころを投げる最小回数を考える。例えば，さいころを 1 回だけ投げて点 P_0 にある石を点 P_2 へ移動させることはできないが，さいころを 2 回投げて偶数の目と奇数の目が 1 回ずつ出れば，点 P_0 にある石を点 P_2 へ移動させることができる。したがって，点 P_2 を選んだ場合には，この最小回数は 2 回である。

点 P_1, P_2, $\cdots$, P_{14} のうち，この最小回数が最も大きいのは点 $\boxed{サ}$ であり，その最小回数は $\boxed{シ}$ 回である。

$\boxed{サ}$ の解答群

| ⓪ P_{10} | ① P_{11} | ② P_{12} | ③ P_{13} | ④ P_{14} |

第5問（選択問題）（配点 20 点）（所要時間 14 分）

△ABC において，AB = 3，BC = 4，AC = 5 とする。
∠BAC の二等分線と辺 BC との交点を D とすると

$$BD = \frac{\boxed{ア}}{\boxed{イ}}, \quad AD = \frac{\boxed{ウ}\sqrt{\boxed{エ}}}{\boxed{オ}} \quad である。$$

また，∠BAC の二等分線と △ABC の外接円 O との交点で点 A とは異なる点を E とする。△AEC に着目すると

$$AE = \boxed{カ}\sqrt{\boxed{キ}} \quad である。$$

△ABC の 2 辺 AB と AC の両方に接し，外接円 O に内接する円の中心を P とする。円 P の半径を r とする。さらに，円 P と外接円 O との接点を F とし，直線 PF と外接円 O との交点で点 F とは異なる点を G とする。このとき

$$AP = \sqrt{\boxed{ク}}\,r, \quad PG = \boxed{ケ} - r$$

と表せる。したがって，方べきの定理により $r = \dfrac{\boxed{コ}}{\boxed{サ}}$ である。

△ABC の内心を Q とする。内接円 Q の半径は $\boxed{シ}$ で，$AQ = \sqrt{\boxed{ス}}$ である。

また，円 P と辺 AB との接点を H とすると，$AH = \dfrac{\boxed{セ}}{\boxed{ソ}}$ である。

以上から，点 H に関する次の (a)，(b) の正誤の組合せとして正しいものは $\boxed{タ}$ である。

(a) 点 H は 3 点 B，D，Q を通る円の周上にある。

(b) 点 H は 3 点 B，E，Q を通る円の周上にある。

$\boxed{タ}$ の解答群

	⓪	①	②	③
(a)	正	正	誤	誤
(b)	正	誤	正	誤

36

[時間] 70分　　　　[満点] 100点

問題・配点と所要時間・出題

問　　題	配点と所要時間	出題	選択方法
第1問 [1]	10点（7分）	数と式	必答
[2]	20点（14分）	三角比	必答
第2問 [1]	15点（10.5分）	データの分析	必答
[2]	15点（10.5分）	2次関数	必答
第3問	20点（14分）	場合の数と確率	いずれか 2題選択
第4問	20点（14分）	整数の性質	
第5問	20点（14分）	図形の性質	

第 1 問 （必答問題）（配点 30点）（所要時間 [1] 7分 [2] 14分）

[1] 実数 x についての不等式 $|x+6| \leqq 2$ の解は，

$\boxed{ア イ} \leqq x \leqq \boxed{ウ エ}$ である。

よって，a, b, c, d が，$|(1-\sqrt{3})(a-b)(c-d)+6| \leqq 2$ を満たしているとき，$1-\sqrt{3}$ は負であることに注意すると，$(a-b)(c-d)$ のとり得る値の範囲は，

$\boxed{オ} + \boxed{カ}\sqrt{3} \leqq (a-b)(c-d) \leqq \boxed{キ} + \boxed{ク}\sqrt{3}$

であることがわかる。

特に，$(a-b)(c-d) = \boxed{キ} + \boxed{ク}\sqrt{3}$ ……① であるとき，さらに，

$(a-c)(b-d) = -3+\sqrt{3}$ ……② が成り立つならば，

$(a-d)(c-b) = \boxed{ケ} + \boxed{コ}\sqrt{3}$ ……③ であることが，等式①，②，③

の左辺を展開して比較することによりわかる。

[2] (1) 点 O を中心とし，半径が 5 である円 O がある。この円周上に 2 点 A，B を AB = 6 となるようにとる。また，円 O の円周上に，2 点 A，B とは異なる点 C をとる。

(i) $\sin \angle ACB = \boxed{サ}$ である。また，点 C を $\angle ACB$ が鈍角となるようにとるとき，$\cos \angle ACB = \boxed{シ}$ である。

(ii) 点 C を $\triangle ABC$ の面積が最大となるようにとる。点 C から直線 AB に垂直な直線を引き，直線 AB との交点を D とするとき，$\tan \angle OAD = \boxed{ス}$ である。また，$\triangle ABC$ の面積は $\boxed{セ ソ}$ である。

$\boxed{サ} \sim \boxed{ス}$ の解答群 (同じものを繰り返し選んでもよい。)

⓪ $\dfrac{3}{5}$	① $\dfrac{3}{4}$	② $\dfrac{4}{5}$	③ 1	④ $\dfrac{4}{3}$
⑤ $-\dfrac{3}{5}$	⑥ $-\dfrac{3}{4}$	⑦ $-\dfrac{4}{5}$	⑧ -1	⑨ $-\dfrac{4}{3}$

(2) 半径が **5** である球 **S** がある。この球面上に **3** 点 **P**, **Q**, **R** をとったとき，これらの **3** 点を通る平面 α 上で **PQ = 8**，**QR = 5**，**RP = 9** であったとする。球 **S** の球面上に点 **T** を三角錐 **TPQR** の体積が最大となるようにとるとき，その体積を求めよう。

まず，$\cos \angle \mathbf{QPR} = \dfrac{\boxed{タ}}{\boxed{チ}}$ であることから，$\triangle \mathbf{PQR}$ の面積は，$\boxed{ツ}\sqrt{\boxed{テト}}$ である。

次に，点 **T** から平面 α に垂直な直線を引き，平面 α との交点を **H** とする。このとき，**PH**，**QH**，**RH** の長さについて，$\boxed{ナ}$ が成り立つ。

以上より，三角錐 **TPQR** の体積は $\boxed{ニヌ}\left(\sqrt{\boxed{ネノ}} + \sqrt{\boxed{ハ}}\right)$ である。

$\boxed{ナ}$ の解答群

⓪ **PH < QH < RH**	① **PH < RH < QH**
② **QH < PH < RH**	③ **QH < RH < PH**
④ **RH < PH < QH**	⑤ **RH < QH < PH**
⑥ **PH = QH = RH**	

第2問 (必答問題) (配点 30点) (所要時間 [1] 10.5分 [2] 10.5分)

[1]　太郎さんは，総務省が公表している2020年の家計調査の結果を用いて，地域による食文化の違いについて考えている。家計調査における調査地点は，都道府県庁所在市および政令指定都市 (都道府県庁所在市を除く) であり，合計52市である。家計調査の結果の中でも，スーパーマーケットなどで販売されている調理食品の「二人以上の世帯の1世帯当たり年間支出金額 (以下，支出金額，単位は円)」を分析することにした。以下においては，52市の調理食品の支出金額をデータとして用いる。

　太郎さんは調理食品として，最初にうなぎのかば焼き (以下，かば焼き) に着目し，図1のように52市におけるかば焼きの支出金額のヒストグラムを作成した。ただし，ヒストグラムの各階級の区間は，左側の数値を含み，右側の数値を含まない。

　なお，以下の図や表については，総務省のWebページをもとに作成している。

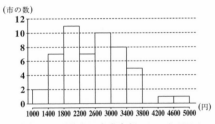

図1　かば焼きの支出金額のヒストグラム

(1) 図1から次のことが読み取れる。

・第1四分位数が含まれる階級は ア である。

・第3四分位数が含まれる階級は イ である。

・四分位範囲は ウ 。

ア ， イ の解答群 (同じものを繰り返し選んでもよい。)

⓪ 1000以上1400未満	① 1400以上1800未満
② 1800以上2200未満	③ 2200以上2600未満
④ 2600以上3000未満	⑤ 3000以上3400未満
⑥ 3400以上3800未満	⑦ 3800以上4200未満
⑧ 4200以上4600未満	⑨ 4600以上5000未満

ウ の解答群

⓪ **800 より小さい**
① **800 より大きく 1600 より小さい**
② **1600 より大きく 2400 より小さい**
③ **2400 より大きく 3200 より小さい**
④ **3200 より大きく 4000 より小さい**
⑤ **4000 より大きい**

(2) 太郎さんは，東西での地域による食文化の違いを調べるために，52 市を東側の地域 E(19 市) と西側の地域 W(33 市) の二つに分けて考えることにした。

(i) 地域 E と地域 W について，A の支出金額の箱ひげ図を，図2，図3のようにそれぞれ作成した。

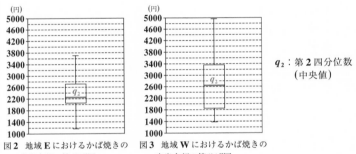

図2 地域 E におけるかば焼きの
支出金額の箱ひげ図

図3 地域 W におけるかば焼きの
支出金額の箱ひげ図

q_2：第 2 四分位数
（中央値）

かば焼きの支出金額について，図2と図3から読み取れることとして，次の⓪～③のうち，正しいものは エ である。

エ の解答群

⓪ 地域 E において，小さい方から 5 番目は 2000 以下である。
① 地域 E と地域 W の範囲は等しい。
② 中央値は，地域 E より地域 W の方が大きい。
③ 2600 未満の市の割合は，地域 E より地域 W の方が大きい。

(ii) 太郎さんは，地域 E と地域 W のデータの散らばりの度合いを数値でとらえようと思い，それぞれの分散を考えることにした。地域 E におけるかば焼きの支出金額の分散は，地域 E のそれぞれの市におけるかば焼きの支出金額の偏差の オ である。

41

> ⓪ 2乗を合計した値
> ① 絶対値を合計した値
> ② 2乗を合計して地域 E の市の数で割った値
> ③ 絶対値を合計して地域 E の市の数で割った値
> ④ 2乗を合計して地域 E の市の数で割った値の平方根のうち
>   正のもの
> ⑤ 絶対値を合計して地域 E の市の数で割った値の平方根のうち
>   正のもの

(3) 太郎さんは，(2)で考えた地域 E における，やきとりの支出金額についても調べることにした。

ここでは地域 E において，やきとりの支出金額が増加すれば，かば焼きの支出金額も増加する傾向があるのではないかと考え，まず図4のように，地域 E における，やきとりとかば焼きの支出金額の散布図を作成した。そして，相関係数を計算するために，表1のように平均値，分散，標準偏差および共分散を算出した。ただし，共分散は地域 E のそれぞれの市における，やきとりの支出金額の偏差とかば焼きの支出金額の偏差との積の平均値である。

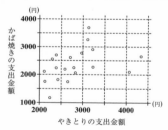

図4 地域 E における，やきとりとかば焼きの支出金額の散布図

表1 地域 E における，やきとりとかば焼きの支出金額の平均値，
    分散，標準偏差および共分散

	平均値	分　散	標準偏差	共分散
やきとりの支出金額	2810	348100	590	124000
かば焼きの支出金額	2350	324900	570	

表1を用いると，地域 E における，やきとりの支出金額とかば焼きの支出金額の相関係数は $\boxed{カ}$ である。

$\boxed{カ}$ については，最も適当なものを，次の ⓪ ～ ⑨ のうちから一つ選べ。

⓪ -0.62	① -0.50	② -0.37	③ -0.19
④ -0.02	⑤ 0.02	⑥ 0.19	⑦ 0.37
⑧ 0.50	⑨ 0.62		

[2]　太郎さんと花子さんは，バスケットボールのプロ選手の中には，リング
　　と同じ高さでシュートを打てる人がいることを知り，シュートを打つ高
　　さによってボールの軌道がどう変わるかについて考えている。

　　二人は，図1のように座標軸が定められた平面上に，プロ選手と花子
　さんがシュートを打つ様子を真横から見た図をかき，ボールがリングに
　入った場合について，後の仮定を設定して考えることにした。長さの単
　位はメートルであるが，以下では省略する。

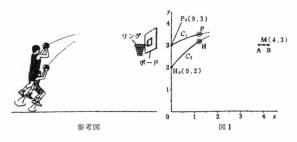

参考図　　　　　　　　　　　図1

┌─**仮定**─────────────────────────────
│
│・平面上では，ボールを直径 **0.2** の円とする。
│
│・リングを真横から見たときの左端を点 **A(3.8, 3)**，右端を点 **B(4.2, 3)**
│　とし，リングの太さは無視する。
│
│・ボールがリングや他のものに当たらずに上からリングを通り，かつ，
│　ボールの中心が **AB** の中点 **M(4, 3)** を通る場合を考える。ただし，
│　ボールがリングに当たるとは，ボールの中心と **A** または **B** との距離
│　が **0.1** 以下になることとする。
│
│・プロ選手がシュートを打つ場合のボールの中心を点 **P** とし，**P** は，は
│　じめに点 **P₀(0, 3)** にあるものとする。また，**P₀**，**M** を通る，上に凸
│　の放物線を C_1 とし，**P** は C_1 上を動くものとする。
│
│・花子さんがシュートを打つ場合のボールの中心を点 **H** とし，**H** は，は
│　じめに点 **H₀(0, 2)** にあるものとする。また，**H₀**，**M** を通る，上に
│　凸の放物線を C_2 とし，**H** は C_2 上を動くものとする。
│
│・放物線 C_1 や C_2 に対して，頂点の y 座標を「**シュートの高さ**」とし，頂
│　点の x 座標を「**ボールが最も高くなるときの地上の位置**」とする。
└──────────────────────────────────

44

(1) 放物線 C_1 の方程式における x^2 の係数を a とする。放物線 C_1 の方程式は，$y = ax^2 - \boxed{\text{キ}} \, ax + \boxed{\text{ク}}$ と表すことができる。また，プロ選手の「シュートの高さ」は，$- \boxed{\text{ケ}} \, a + \boxed{\text{コ}}$ である。

放物線 C_2 の方程式における x^2 の係数を p とする。放物線 C_2 の方程式は，$y = p \left\{ x - \left(2 - \dfrac{1}{8p} \right) \right\}^2 - \dfrac{(16p-1)^2}{64p} + 2$ と表すことができる。

プロ選手と花子さんの「ボールが最も高くなるときの地上の位置」の比較の記述として，次の ⓪ 〜 ③ のうち，正しいものは $\boxed{\text{サ}}$ である。

$\boxed{\text{サ}}$ の解答群

> ⓪ プロ選手と花子さんの「**ボールが最も高くなるときの地上の位置**」は，つねに一致する。
>
> ① プロ選手の「**ボールが最も高くなるときの地上の位置**」の方が，つねに M の x 座標に近い。
>
> ② 花子さんの「**ボールが最も高くなるときの地上の位置**」の方が，つねに M の x 座標に近い。
>
> ③ プロ選手の「**ボールが最も高くなるときの地上の位置**」の方が M の x 座標に近いときもあれば，花子さんの「**ボールが最も高くなるときの地上の位置**」の方が M の x 座標に近いときもある。

(2) 二人は，ボールがリングすれすれを通る場合のプロ選手と花子さんの「**シュートの高さ**」について次のように話している。

太郎：例えば，プロ選手のボールがリングに当たらないようにするには，**P** がリングの左端 **A** のどのくらい上を通れば良いのかな。

花子：**A** の真上の点で **P** が通る点 **D** を，線分 **DM** が **A** を中心とする半径 **0.1** の円と接するようにとって考えてみたらどうかな。

太郎：なるほど。**P** の軌道は上に凸の放物線で山なりだから，その場合，図 **2** のように，**P** は **D** を通った後で線分 **DM** より上側を通るのでボールはリングに当たらないね。花子さんの場合も，**H** がこの **D** を通れば，ボールはリングに当たらないね。

花子：放物線 C_1 と C_2 が **D** を通る場合でプロ選手と私の「**シュートの高さ**」を比べてみようよ。

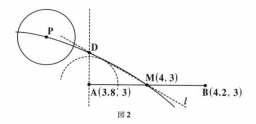

図 2

　図 **2** のように，**M** を通る直線 l が，**A** を中心とする半径 **0.1** の円に直線 **AB** の上側で接しているとする。また，**A** を通り直線 **AB** に垂直な直線を引き，l との交点を **D** とする。このとき，$AD = \dfrac{\sqrt{3}}{15}$ である。

　よって，放物線 C_1 が **D** を通るとき，C_1 の方程式は

$$y = -\frac{\boxed{シ}\sqrt{\boxed{ス}}}{\boxed{セソ}}\left(x^2 - \boxed{キ}\,x\right) + \boxed{ク} \ \text{となる。}$$

また，放物線 C_2 が D を通るとき，(1)で与えられた C_2 の方程式を用いると，花子さんの「**シュートの高さ**」は約 **3.4** と求められる。

以上のことから，放物線 C_1 と C_2 が D を通るとき，プロ選手と花子さんの「**シュートの高さ**」を比べると，$\boxed{夕}$ の「**シュートの高さ**」の方が大きく，その差はボール $\boxed{チ}$ である。なお，$\sqrt{3} = \mathbf{1.7320508}\cdots$ である。

$\boxed{夕}$ の解答群

⓪ プロ選手	① 花子さん

$\boxed{チ}$ については，最も適当なものを，次の⓪〜③のうちから一つ選べ。

⓪ 約 **1** 個分	① 約 **2** 個分	② 約 **3** 個分	③ 約 **4** 個分

第3問 (選択問題)(配点 20 点)(所要時間14分)

番号によって区別された複数の球が，何本かのひもでつながれている。ただし，各ひもはその両端で二つの球をつなぐものとする。次の条件を満たす球の塗り分け方(以下，球の塗り方)を考える。

条件

・それぞれの球を，用意した5色(赤，青，黄，緑，紫)のうちのいずれか1色で塗る。

・1本のひもでつながれた二つの球は異なる色になるようにする。

・同じ色を何回使ってもよく，また使わない色があってもよい。

例えば図Aでは，三つの球が2本のひもでつながれている。この三つの球を塗るとき，球1の塗り方が5通りあり，球1を塗った後，球2の塗り方は4通りあり，さらに球3の塗り方は4通りある。したがって，球の塗り方の総数は80である。

図A

(1) 図Bにおいて，球の塗り方は $\boxed{アイウ}$ 通りある。

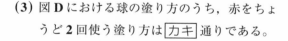

図B

(2) 図Cにおいて，球の塗り方は $\boxed{エオ}$ 通りある。

(3) 図Dにおける球の塗り方のうち，赤をちょうど2回使う塗り方は $\boxed{カキ}$ 通りである。

(4) 図Eにおける球の塗り方のうち，赤をちょうど3回使い，かつ青をちょうど2回使う塗り方は $\boxed{クケ}$ である。

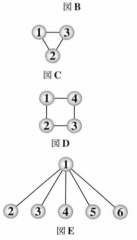

図C

図D

図E

(5) 図 **D** において，球の塗り方の総数を求める。

そのために，次の構想を立てる。

図 **D**(再掲)

> ┌─ **構想** ─────────────────────────
> 図 **D** と図 **F** を比較する。
>
>
>
> 図 **F**
> └──────────────────────────────

図 **F** では球 **3** と球 **4** が同色になる球の塗り方が可能であるため，図 **D** よりも図 **F** の球の塗り方の総数の方が大きい。

図 **F** における球の塗り方は，図 **B** における球の塗り方と同じであるため，全部で アイウ 通りある。そのうち球 **3** と球 **4** が同色になる球の塗り方の総数と一致する図として，後の⓪〜④のうち，正しいものは コ である。したがって，図 **D** における球の塗り方は サシス 通りある。

コ の解答群

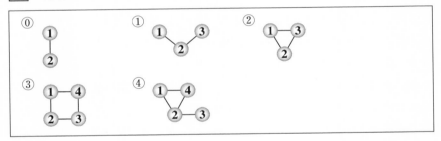

(6) 図 **G** において，球の塗り方は セソタチ 通りである。

図 **G**

第4問 （選択問題）（配点 20 点）（所要時間14分）

色のついた長方形を並べて正方形や長方形を作ることを考える。色のついた長方形は，向きを変えずにすき間なく並べることとし，色のついた長方形は十分あるものとする。

(1) 横の長さが **462** で縦の長さが **110** である赤い長方形を，図**1**のように並べて正方形や長方形を作ることを考える。

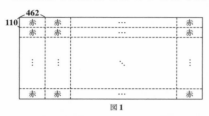

図1

462 と **110** の両方を割り切る素数のうち最大のものは $\boxed{アイ}$ である。

赤い長方形を並べて作ることができる正方形のうち，辺の長さが最小であるものは，一辺の長さが $\boxed{ウエオカ}$ のものである。

また，赤い長方形を並べて正方形ではない長方形を作るとき，横の長さと縦の長さの差の絶対値が最小になるのは，**462** の約数と **110** の約数を考えると，差の絶対値が $\boxed{キク}$ になるときであることがわかる。

縦の長さが横の長さより $\boxed{キク}$ 長い長方形のうち，横の長さが最小であるものは，横の長さが $\boxed{ケコサシ}$ のものである。

(2) 花子さんと太郎さんは，**(1)**で用いた赤い長方形を **1** 枚以上並べて長方形を作り，その右側に横の長さが **363** で縦の長さが **154** である青い長方形を **1** 枚以上並べて，図**2**のような正方形や長方形を作ることを考えている。

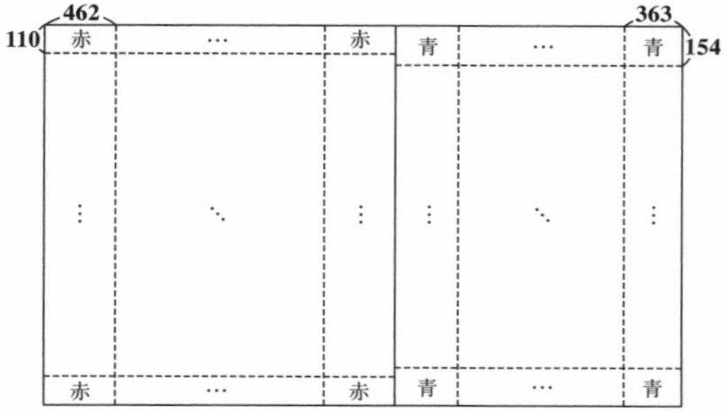

462		363
110 赤 … 赤	青 … 青	154

⋮ 赤 ⋱ ⋮ 青 ⋱ ⋮

| 赤 … 赤 | 青 … 青 |

図2

　このとき，赤い長方形を並べてできる長方形の縦の長さと，青い長方形を並べてできる長方形の縦の長さは等しい。よって，図 **2** のような長方形のうち，縦の長さが最小のものは，縦の長さが $\boxed{スセソ}$ のものであり，図 **2** のような長方形は縦の長さが $\boxed{スセソ}$ の倍数である。

　二人は，次のように話している。

花子：赤い長方形と青い長方形を図 **2** のように並べて正方形を作ってみようよ。

太郎：赤い長方形の横の長さが **462** で青い長方形の横の長さが **363** だから，図 **2** のような正方形の横の長さは **462** と **363** を組み合わせて作ることができる長さでないといけないね。

花子：正方形だから，横の長さは $\boxed{スセソ}$ の倍数でもないといけないね。

---

　462 と **363** の最大公約数は $\boxed{タチ}$ であり，$\boxed{タチ}$ の倍数のうちで $\boxed{スセソ}$ の倍数でもある最小の正の整数は $\boxed{ツテトナ}$ である。

　これらのことと，使う長方形の枚数が赤い長方形も青い長方形も **1** 枚以上であることから，図 **2** のような正方形のうち，辺の長さが最小であるものは，一辺の長さが $\boxed{ニヌネノ}$ のものであることがわかる。

第 5 問 （選択問題）（配点 20 点）（所要時間14分）

(1) 円 O に対して，次の**手順1**で作図を行う。

┌─ **手順1** ─────────────────────────
(Step 1) 円 O と異なる **2** 点で交わり，中心 O を通らない直線 *l* を引く。
　　　　　円 O と直線 *l* との交点を A，B とし，線分 AB の中点 C をとる。
(Step 2) 円 O の周上に，点 D を∠COD が鈍角となるようにとる。直線
　　　　　CD を引き，円 O との交点で D とは異なる点を E とする。
(Step 3) 点 D を通り直線 OC に垂直な直線を引き，直線 OC との交点
　　　　　を F とし，円 O との交点で D とは異なる点を G とする。
(Step 4) 点 G における円 O の接線を引き，直線 *l* との交点を H とする。
└──────────────────────────────────

このとき，直線 *l* と点 D の位置によ
らず，直線 EH は円 O の接線である。
このことは，次の構想に基づいて，
後のように説明できる。

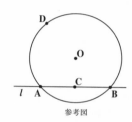

参考図

┌─ **構想** ──────────────────────────
直線 EH が円 O の接線であることを証明するためには，
∠OEH ＝ $\boxed{アイ}$ °であることを示せばよい。
└──────────────────────────────────

手順1 の **(Step 1)** と **(Step 4)** により，**4** 点 C，G，H，$\boxed{ウ}$ は同一円周上
にあることがわかる。よって，∠CHG ＝ $\boxed{エ}$ である。一方，点 E は円 O
の周上にあることから，$\boxed{エ}$ ＝ $\boxed{オ}$ がわかる。よって，∠CHG ＝ $\boxed{オ}$ で
あるので，**4** 点 C，G，H，$\boxed{カ}$ は同一円周上にある。この円が点 $\boxed{ウ}$ を
通ることにより，∠OEH ＝ $\boxed{アイ}$ °を示すことができる。

$\boxed{ウ}$ の解答群

⓪ B	① D	② F	③ O

52

$\boxed{エ}$ の解答群

⓪ ∠AFC	① ∠CDF	② ∠CGH	③ ∠CBO	④ ∠FOG

$\boxed{オ}$ の解答群

⓪ ∠AED	① ∠ADE	② ∠BOE	③ ∠DEG	④ ∠EOH

$\boxed{カ}$ の解答群

⓪ A	① D	② E	③ F

(2) 円 **O** に対して，**(1)**の**手順1**とは直線 l の引き方を変え，次の**手順2**で作図を行う。

手順2

(Step 1) 円 **O** と共有点をもたない直線 l を引く。中心 **O** から直線 l に垂直な直線を引き，直線 l との交点を **P** とする。

(Step 2) 円 **O** の周上に，点 **Q** を∠POQ が鈍角となるようにとる。直線 **PQ** を引き，円 **O** との交点で **Q** とは異なる点を **R** とする。

(Step 3) 点 **Q** を通り直線 **OP** に垂直な直線を引き，円 **O** との交点で **Q** とは異なる点を **S** とする。

(Step 4) 点 **S** における円 **O** の接線を引き，直線 l との交点を **T** とする。

このとき，∠**PTS** = $\boxed{キ}$ である。

円 **O** の半径が $\sqrt{5}$ で，**OT** = $3\sqrt{6}$ であったとすると，3 点 **O**, **P**, **R** を通る円の半径は $\dfrac{\boxed{ク}\sqrt{\boxed{ケ}}}{\boxed{コ}}$ であり，**RT** = $\boxed{サ}$ である。

$\boxed{キ}$ の解答群

⓪ ∠PQS	① ∠PST	② ∠QPS	③ ∠QRS	④ ∠SRT

［時間］70分　　　　　［満点］100点

問題・配点と所要時間・出題

問　　題	配点と所要時間	出題	選択方法
第1問 [1]	10点（7分）	数と式	必答
[2]	20点（14分）	三角比	必答
第2問 [1]	15点（10.5分）	2次関数	必答
[2]	15点（10.5分）	データの分析	必答
第3問	20点（14分）	場合の数と確率	いずれか2題選択
第4問	20点（14分）	整数の性質	
第5問	20点（14分）	図形の性質	

第 1 問 (必答問題)(配点 30点)(所要時間 [1] 7分 [2] 14分)

[1] 不等式 $n < 2\sqrt{13} < n+1$ ……① を満たす整数 n は $\boxed{ア}$ である。

実数 a, b を，$a = 2\sqrt{13} - \boxed{ア}$ ……②　$b = \dfrac{1}{a}$ ……③ で定める。

このとき，$b = \dfrac{\boxed{イ} + 2\sqrt{13}}{\boxed{ウ}}$ ……④ である。また，

$a^2 - 9b^2 = \boxed{エオカ}\sqrt{13}$ である。

①から，$\dfrac{\boxed{ア}}{2} < \sqrt{13} < \dfrac{\boxed{ア}+1}{2}$ ……⑤ が成り立つ。

　　太郎さんと花子さんは，$\sqrt{13}$ について話している。

> 太郎：⑤から $\sqrt{13}$ のおよその値がわかるけど，小数点以下はよく
> 　　　わからないね。
> 花子：小数点以下をもう少し詳しく調べることができないかな。

①と④から $\dfrac{m}{\boxed{ウ}} < b < \dfrac{m+1}{\boxed{ウ}}$ を満たす整数 m は $\boxed{キク}$ となる。

よって，③から $\dfrac{\boxed{ウ}}{m+1} < a < \dfrac{\boxed{ウ}}{m}$ ……⑥ が成り立つ。

$\sqrt{13}$ の整数部分は $\boxed{ケ}$ であり，②と⑥を使えば $\sqrt{13}$ の小数第 1 位の数字は $\boxed{コ}$，小数第 2 位の数字は $\boxed{サ}$ であることがわかる。

[2]　以下の問題を解答するにあたっては，必要に応じてこの後に示す三角比の表を用いてもよい。

　水平な地面(以下，地面)に垂直に立っている電柱の高さを，その影の長さと太陽高度を利用して求めよう。

　図1のように，電柱の影の先端は坂の斜面(以下，坂)にあるとする。また，坂には傾斜を表す道路標識が設置されていて，そこには **7％** と表示されているとする。

　電柱の太さと影の幅は無視して考えるものとする。また，地面と坂は平面であるとし，地面と坂が交わってできる直線を *l* とする。

　電柱の先端を点 **A** とし，根もとを点 **B** とする。電柱の影について，地面にある部分を線分 **BC** とし，坂にある部分を線分 **CD** とする。線分 **BC**，**CD** がそれぞれ *l* と垂直であるとき，電柱の影は坂に向かってまっすぐにのびているということにする。

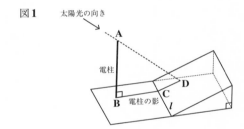

図1

　電柱の影が坂に向かってまっすぐにのびているとする。このとき，4点 **A**，**B**，**C**，**D** を通る平面は *l* と垂直である。その平面において，図2のように，直線 **AD** と直線 **BC** の交点を **P** とすると，太陽高度とは∠**APB** の大きさのことである。

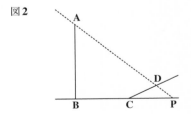

図2

道路標識の **7%** という表示は，この坂をのぼったとき，**100m** の水平距離に対して **7m** の割合で高くなることを示している。*n* を **1** 以上 **9** 以下の整数とするとき，坂の傾斜角∠**DCP** の大きさについて，*n*°＜∠**DCP**＜*n*°＋**1**° を満たす *n* の値は $\boxed{シ}$ である。
以下では，∠**DCP** の大きさは，ちょうど $\boxed{シ}$°であるとする。

　ある日，電柱の影が坂に向かってまっすぐにのびていたとき，影の長さを調べたところ **BC＝7m**，**CD＝4m** であり，太陽高度は∠**APB**＝**45°** であった。点 **D** から直線 **AB** に垂直な直線を引き，直線 **AB** との交点を **E** とするとき，

BE＝$\boxed{ス}$×$\boxed{セ}$ m であり，

DE＝$\left(\boxed{ソ}+\boxed{タ}×\boxed{チ}\right)$ m

である。よって，電柱の高さは，小数第 **2** 位で四捨五入すると $\boxed{ツ}$ m であることがわかる。

$\boxed{セ}$，$\boxed{チ}$ の解答群 (同じものを繰り返し選んでもよい。)

⓪ $\sin\angle\mathrm{DCP}$	① $\dfrac{1}{\sin\angle\mathrm{DCP}}$	② $\cos\angle\mathrm{DCP}$
③ $\dfrac{1}{\cos\angle\mathrm{DCP}}$	④ $\tan\angle\mathrm{DCP}$	⑤ $\dfrac{1}{\tan\angle\mathrm{DCP}}$

$\boxed{ツ}$ の解答群

⓪ **10.4**	① **10.7**	② **11.0**
③ **11.3**	④ **11.6**	⑤ **11.9**

　別の日，電柱の影が坂に向かってまっすぐにのびていたときの太陽高度は∠**APB**＝**42°** であった。電柱の高さがわかったので，前回調べた日からの影の長さの変化を知ることができる。電柱の影について，坂にある部分の長さは，

$$\mathbf{CD}=\dfrac{\mathbf{AB}-\boxed{テ}×\boxed{ト}}{\boxed{ナ}+\boxed{ニ}×\boxed{ト}}\,\mathrm{m}$$

である。**AB** = $\boxed{ツ}$ **m** として，これを計算することにより，この日の
電柱の影について，坂にある部分の長さは，前回調べた **4m** より約
1.2m だけ長いことがわかる。

$\boxed{ト}$ 〜 $\boxed{二}$ の解答群 (同じものを繰り返し選んでもよい。)

⓪ sin∠DCP	① cos∠DCP	② tan∠DCP
③ sin42°	④ cos42°	⑤ tan42°

三角比の表

角	正弦 (sin)	余弦 (cos)	正接 (tan)
0°	0.0000	1.0000	0.0000
1°	0.0175	0.9998	0.0175
2°	0.0349	0.9994	0.0349
3°	0.0523	0.9986	0.0524
4°	0.0698	0.9976	0.0699
5°	0.0872	0.9962	0.0875
…	…………	…………	…………

角	正弦 (sin)	余弦 (cos)	正接 (tan)
…	…………	…………	…………
41°	0.6561	0.7547	0.8693
42°	0.6691	0.7431	0.9004
43°	0.6820	0.7314	0.9325
44°	0.6947	0.7193	0.9657
45°	0.7071	0.7071	1.0000

第 2 問 (必答問題)(配点 30点)(所要時間 [1] 10.5分 [2] 10.5分)

[1] 座標平面上に 4 点 O(0, 0),A(6, 0),B(4, 6),C(0, 6) を頂点とする台形 OABC がある。また,この座標平面上で,点 P,Q は次の**規則**に従って移動する。

規則

・P は,O から出発して毎秒 1 の一定の速さで x 軸上を正の向きに A まで移動し,A に到達した時点で移動を終了する。

・Q は,C から出発して y 軸上を負の向きに O まで移動し,O に到達した後は y 軸上を正の向きに C まで移動する。そして,C に到達した時点で移動を終了する。ただし,Q は毎秒 2 の一定の速さで移動する。

・P,Q は同時刻に移動を開始する。

　この**規則**に従って P,Q が移動するとき,P,Q はそれぞれ A,C に同時刻に到達し,移動を終了する。

　以下において,P,Q が移動を開始する時刻を**開始時刻**,移動を終了する時刻を**終了時刻**とする。

(1) **開始時刻**から 1 秒後の △PBQ の面積は □ア□ である。

(2) **開始時刻**から 3 秒間の △PBQ の面積について,面積の最小値は □イ□ であり最大値は □ウエ□ である。

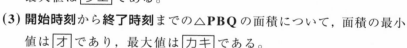

(3) **開始時刻**から**終了時刻**までの △PBQ の面積について,面積の最小値は □オ□ であり,最大値は □カキ□ である。

(4) **開始時刻**から**終了時刻**までの △PBQ の面積について,面積が 10 以下となる時間は $\left(\boxed{ク} - \sqrt{\boxed{ケ}} + \sqrt{\boxed{コ}}\right)$ 秒間である。

[2] 高校の陸上部で長距離競技の選手として活躍する太郎さんは，長距離競技の公認記録が掲載されている **Web** ページを見つけた。この **Web** ページでは，各選手における公認記録のうち最も速いものが掲載されている。その **Web** ページに掲載されている，ある選手のある長距離競技での公認記録を，その選手のその競技でのベストタイムということにする。

なお，以下の図や表については，ベースボール・マガジン社「陸上競技ランキング」の **Web** ページをもとに作成している。

(1) 太郎さんは，男子マラソンの日本人選手の **2022** 年末時点でのベストタイムを調べた。その中で，**2018** 年より前にベストタイムを出した選手と **2018** 年以降にベストタイムを出した選手に分け，それぞれにおいて速い方から **50** 人の選手のベストタイムをデータ **A**，データ **B** とした。

ここでは，マラソンのベストタイムは，実績のベストタイムから **2** 時間を引いた時間を秒単位で表したものとする。例えば **2** 時間 **5** 分 **30** 秒であれば，$60 \times 5 + 30 = 330$（秒）となる。

（ⅰ） 図 **1** と図 **2** はそれぞれ，階級の幅を **30** 秒とした **A** と **B** のヒストグラムである。なお，ヒストグラムの各階級の区間は，左側の数値を含み，右側の数値を含まない。

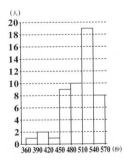

図**1** **A** のヒストグラム

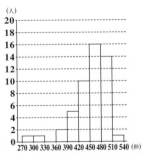

図**2** **B** のヒストグラム

図**1**から **A** の最頻値は階級 サ の階級値である。また，図**2**から **B** の中央値が含まれる階級は シ である。

サ ， シ の解答群（同じものを繰り返し選んでもよい。）

⓪ **270** 以上 **300** 未満	① **300** 以上 **330** 未満
② **330** 以上 **360** 未満	③ **360** 以上 **390** 未満
④ **390** 以上 **420** 未満	⑤ **420** 以上 **450** 未満
⑥ **450** 以上 **480** 未満	⑦ **480** 以上 **510** 未満
⑧ **510** 以上 **540** 未満	⑨ **540** 以上 **570** 未満

(ii) 図**3**は，**A**，**B**それぞれの箱ひげ図を並べたものである。ただし，中央値を表す線は省いている。

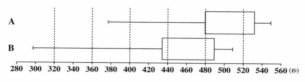

図3 **A**と**B**の箱ひげ図

　図**3**より次のことが読み取れる。ただし，**A**，**B**それぞれにおける，速い方から**13**番目の選手は，一人ずつとする。

・**B**の速い方から**13**番目の選手のベストタイムは，**A**の速い方から**13**番目の選手のベストタイムより，およそ ス 秒速い。

・**A**の四分位範囲から**B**の四分位範囲を引いた差の絶対値は セ である。

ス については，最も適当なものを，次の⓪〜⑤のうちから一つ選べ。

⓪ **5**	① **15**	② **25**	③ **35**	④ **45**	⑤ **55**

セ の解答群

⓪ **0** 以上 **20** 未満
① **20** 以上 **40** 未満
② **40** 以上 **60** 未満
③ **60** 以上 **80** 未満
④ **80** 以上 **100** 未満

(iii) 太郎さんは，**A** のある選手と **B** のある選手のベストタイムの比較において，その二人の選手のベストタイムが速いか遅いかとは別の観点でも考えるために，次の式を満たす z の値を用いて判断することにした。

式
> (あるデータのある選手のベストタイム)＝
> (そのデータの平均値) ＋ z × (そのデータの標準偏差)

二人の選手それぞれのベストタイムに対する z の値を比較し，その値の小さい選手の方が優れていると判断する。

表1は，**A**，**B** それぞれにおける，速い方から1番目の選手(以下，1位の選手)のベストタイムと，データの平均と標準偏差をまとめたものである。

表1 1位の選手のベストタイム，平均値，標準偏差

データ	1位の選手のベストタイム	平均値	標準偏差
A	376	504	40
B	296	454	45

式と表1を用いると，**B** の1位の選手のベストタイムに対する z の値は

$$z = - \boxed{ソ} . \boxed{タチ}$$

である。このことから，**B** の1位の選手のベストタイムは，平均値より標準偏差のおよそ $\boxed{ソ} . \boxed{タチ}$ 倍だけ小さいことがわかる。

A，**B** それぞれにおける，1位の選手についての記述として，次の ⓪〜③ のうち正しいものは $\boxed{ツ}$ である。

$\boxed{ツ}$ の解答群

> ⓪ ベストタイムで比較すると **A** の1位の選手の方が速く，z の値で比較すると **A** の1位の選手の方が優れている。
>
> ① ベストタイムで比較すると **B** の1位の選手の方が速く，z の値で比較すると **B** の1位の選手の方が優れている。
>
> ② ベストタイムで比較すると **A** の1位の選手の方が速く，z の値で比較すると **B** の1位の選手の方が優れている。
>
> ③ ベストタイムで比較すると **B** の1位の選手の方が速く，z の値で比較すると **A** の1位の選手の方が優れている。

(2) 太郎さんは，マラソン，**10000m**，**5000m** のベストタイムに関連がないかを調べることにした。そのために，**2022** 年末時点でのこれら **3** 種目のベストタイムをすべて確認できた日本人男子選手のうち，マラソンのベストタイムが速い方から **50** 人を選んだ。

　図 **4** と図 **5** はそれぞれ，選んだ **50** 人についてのマラソンと **10000m** のベストタイム，**5000m** と **10000m** のベストタイムの散布図である。ただし，**5000m** と **10000m** のベストタイムは秒単位で表し，マラソンのベストタイムは **(1)** の場合と同様，実際のベストタイムから **2** 時間を引いた時間を秒単位で表したものとする。なお，これらの散布図には，完全に重なっている点はない。

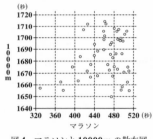
図 **4**　マラソンと **10000m** の散布図

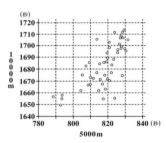
図 **5**　**5000m** と **10000m** の散布図

(a)　マラソンのベストタイムの速い方から **3** 番目までの選手の **10000m** のベストタイムは，**3** 選手とも **1670** 秒未満である。

(b)　マラソンと **10000m** の間の相関は，**5000m** と **10000m** の間の相関より強い。

(a)，**(b)** の正誤の組合せとして正しいものは $\boxed{テ}$ である。

$\boxed{テ}$ の解答群

	⓪	①	②	③
(a)	正	正	誤	誤
(b)	正	誤	正	誤

第 3 問 (選択問題) (配点 20点) (所要時間 14分)

箱の中にカードが **2** 枚以上入っており，それぞれのカードにはアルファベットが **1** 文字だけ書かれている。この箱の中からカードを **1** 枚取り出し，書かれているアルファベットを確認してからもとに戻すという試行を繰り返し行う。

(1) 箱の中に $\boxed{A}$, $\boxed{B}$ のカードが**1**枚ずつ全部で**2**枚入っている場合を考える。

以下では，**2** 以上の自然数 n に対し，n 回の試行で **A**, **B** がそろっているとは，n 回の試行で $\boxed{A}$, $\boxed{B}$ のそれぞれが少なくとも **1** 回は取り出されることを意味する。

(i) **2** 回の試行で **A**, **B** がそろっている確率は $\dfrac{\boxed{\text{ア}}}{\boxed{\text{イ}}}$ である。

(ii) **3** 回の試行で **A**, **B** がそろっている確率を求める。

例えば，**3** 回の試行のうち $\boxed{A}$ を **1** 回，$\boxed{B}$ を **2** 回取り出す取り出し方は **3** 通りあり，それらをすべて挙げると次のようになる。

1回目	2回目	3回目
$\boxed{A}$	$\boxed{B}$	$\boxed{B}$
$\boxed{B}$	$\boxed{A}$	$\boxed{B}$
$\boxed{B}$	$\boxed{B}$	$\boxed{A}$

このように考えることにより，**3** 回の試行で **A**, **B** がそろっている取り出し方は $\boxed{\text{ウ}}$ 通りあることがわかる。よって，**3** 回の試行で **A**, **B** がそろっている確率は $\dfrac{\boxed{\text{ウ}}}{2^3}$ である。

(iii) **4** 回の試行で **A**, **B** がそろっている取り出し方は $\boxed{\text{エオ}}$ 通りある。よって，**4** 回の試行で **A**, **B** がそろっている確率は $\dfrac{\boxed{\text{カ}}}{\boxed{\text{キ}}}$ である。

(2) 箱の中に $\boxed{A}$, $\boxed{B}$, $\boxed{C}$ のカードが**1**枚ずつ全部で**3**枚入っている場合を考える。

以下では，**3** 以上の自然数 n に対し，n 回目の試行で初めて **A**, **B**, **C** がそろうとは，n 回の試行で $\boxed{A}$, $\boxed{B}$, $\boxed{C}$ のそれぞれが少なくとも **1** 回は取

り出され，かつ $\boxed{\text{A}}$，$\boxed{\text{B}}$，$\boxed{\text{C}}$ のうちいずれか 1 枚が n 回目の試行で初めて取り出されることを意味する。

（i）　3 回目の試行で初めて A, B, C がそろう取り出し方は $\boxed{\text{ク}}$ 通りある。

　　　よって，3 回目の試行で初めて A, B, C がそろう確率は $\dfrac{\boxed{\text{ク}}}{3^3}$ である。

（ii）　4 回目の試行で初めて A, B, C がそろう確率を求める。

　　　4 回目の試行で初めて A, B, C がそろう取り出し方は，(1) の (ii) を振り返ることにより，$3 \times \boxed{\text{ウ}}$ 通りあることがわかる。よって，4 回目の試行で初めて A, B, C がそろう確率は $\dfrac{\boxed{\text{ケ}}}{\boxed{\text{コ}}}$ である。

（iii）　5 回目の試行で初めて A, B, C がそろう取り出し方は $\boxed{\text{サシ}}$ 通りある。

　　　よって，5 回目の試行で初めて A, B, C がそろう確率は $\dfrac{\boxed{\text{サシ}}}{3^5}$ である。

(3)　箱の中に $\boxed{\text{A}}$，$\boxed{\text{B}}$，$\boxed{\text{C}}$，$\boxed{\text{D}}$ のカードが 1 枚ずつ全部で 4 枚入っている場合を考える。

　　以下では，6 回目の試行で初めて A, B, C, D がそろうとは，6 回の試行で $\boxed{\text{A}}$，$\boxed{\text{B}}$，$\boxed{\text{C}}$，$\boxed{\text{D}}$ のそれぞれが少なくとも 1 回は取り出され，かつ $\boxed{\text{A}}$，$\boxed{\text{B}}$，$\boxed{\text{C}}$，$\boxed{\text{D}}$ のうちいずれか 1 枚が 6 回目の試行で初めて取り出されることを意味する。

　　また，3 以上 5 以下の自然数 n に対し，6 回の試行のうち n 回目の試行で初めて A, B, C だけがそろうとは，6 回の試行のうち 1 回目から n 回目の試行で，$\boxed{\text{A}}$，$\boxed{\text{B}}$，$\boxed{\text{C}}$ のそれぞれが少なくとも 1 回は取り出され，$\boxed{\text{D}}$ は 1 回も取り出されず，かつ $\boxed{\text{A}}$，$\boxed{\text{B}}$，$\boxed{\text{C}}$ のうちいずれか 1 枚が n 回目の試行で初めて取り出されることを意味する。6 回の試行のうち n 回目の試行で初めて B, C, D だけがそろうなども同様に定める。

　　太郎さんと花子さんは，6 回目の試行で初めて A, B, C, D がそろう確率について考えている。

太郎：例えば，**5** 回目までに A，B，C のそれぞれが少なくとも **1** 回は取り出され，かつ **6** 回目に初めて D が取り出される場合を考えたら計算できそうだね。

花子：それなら，初めて **A，B，C** だけがそろうのが，**3** 回目のとき，**4** 回目のとき，**5** 回目のときで分けて考えてみてはどうかな。

6 回の試行のうち **3** 回目の試行で初めて **A，B，C** だけがそろう取り出し方が ク 通りであることに注意すると，「**6** 回の試行のうち **3** 回目の試行で初めて **A，B，C** だけがそろい，かつ **6** 回目の試行で初めて D が取り出される」取り出し方は スセ 通りあることがわかる。

同じように考えると，「**6** 回の試行のうち **4** 回目の試行で初めて **A，B，C** だけがそろい，かつ **6** 回目の試行で初めて D が取り出される」取り出し方は ソタ 通りあることもわかる。

以上のように考えることにより，**6** 回目の試行で初めて **A，B，C，D** がそろう確率は $\dfrac{チツ}{テトナ}$ であることがわかる。

第 4 問（選択問題）（配点 20点）（所要時間 14分）

T3, T4, T6 を次のようなタイマーとする。

T3：3 進数を 3 桁表示するタイマー

T4：4 進数を 3 桁表示するタイマー

T6：6 進数を 3 桁表示するタイマー

なお，n 進数とは n 進法で表された数のことである。

これらのタイマーは，すべて次の**表示方法**に従うものとする。

表示方法

(a)　スタートした時点でタイマーは **000** と表示されている。

(b)　タイマーは，スタートした後，表示される数が **1** 秒ごとに **1** ずつ増えていき，**3** 桁で表示できる最大の数が表示された **1** 秒後に，表示が **000** に戻る。

(c)　タイマーは表示が **000** に戻った後も，(b) と同様に，表示される数が **1** 秒ごとに **1** ずつ増えていき，**3** 桁で表示できる最大の数が表示された **1** 秒後に，表示が **000** に戻るという動作を繰り返す。

T3 参考図

例えば，T3 はスタートしてから 3 進数で $12_{(3)}$ 秒後に **012** と表示される。その後，**222** と表示された **1** 秒後に表示が **000** に戻り，その $12_{(3)}$ 秒後に再び **012** と表示される。

(1)　T6 は，スタートしてから 10 進数で **40** 秒後に アイウ と表示される。
T4 は，スタートしてから 2 進数で $10011_{(2)}$ 秒後に エオカ と表示される。

(2)　T4 をスタートさせた後，初めて表示が **000** に戻るのは，スタートしてから 10 進数で キク 秒後であり，その後も キク 秒ごとに表示が **000** に戻る。

同様の考察を T6 に対しても行うことにより，T4 と T6 を同時にスタートさせた後，初めて両方の表示が同時に **000** に戻るのは，スタートしてから 10 進数で ケコサシ 秒後であることがわかる。

(3) **0** 以上の整数 *l* に対して，**T4** をスタートさせた *l* 秒後に **T4** が **012** と
表示されることと

l を $\boxed{スセ}$ で割った余りが $\boxed{ソ}$ であること

は同値である。ただし，$\boxed{スセ}$ と $\boxed{ソ}$ は **10** 進法で表示されているもの
とする。

　T3 についても同様の考察を行うことにより，次のことがわかる。

　T3 と **T4** を同時にスタートさせてから，初めて両方が同時に **012** と
表示されるまでの時間を *m* 秒とするとき，*m* は **10** 進法で $\boxed{タチツ}$ と
表される。

　また，**T4** と **T6** の表示に関する記述として，次の ⓪ 〜 ③ のうち，正
しいものは $\boxed{テ}$ である。

$\boxed{テ}$ の解答群

⓪　**T4** と **T6** を同時にスタートさせてから，*m* 秒後より前に初めて両
　　方が同時に **012** と表示される。

①　**T4** と **T6** を同時にスタートさせてから，ちょうど *m* 秒後に初めて
　　両方が同時に **012** と表示される。

②　**T4** と **T6** を同時にスタートさせてから，*m* 秒後より後に初めて両
　　方が同時に **012** と表示される。

③　**T4** と **T6** を同時にスタートさせてから，両方が同時に **012** と表示
　　されることはない。

第5問 （選択問題）（配点 20点）（所要時間 14分）

　図1のように，平面上に5点 A, B, C, D, E があり，線分 AC, CE, EB, BD, DA によって，星形の図形ができるときを考える。線分 AC と BE の交点を P，AC と BD の交点を Q，BD と CE の交点を R，AD と CE の交点を S，AD と BE の交点を T とする。

図1

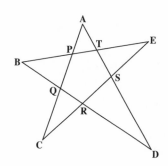

　ここでは，AP : PQ : QC = 2 : 3 : 3，AT : TS : SD = 1 : 1 : 3 を満たす星形の図形を考える。

　以下の問題において比を解答する場合は，最も簡単な整数の比で答えよ。

(1) △AQD と直線 CE に着目すると

$$\dfrac{QR}{RD} \cdot \dfrac{DS}{SA} \cdot \dfrac{\boxed{ア}}{CQ} = 1 \text{ が成り立つので}$$

　QR : RD = $\boxed{イ}$: $\boxed{ウ}$ となる。

　また，△AQD と直線 BE に着目すると

　QB : BD = $\boxed{エ}$: $\boxed{オ}$ となる。したがって，

　BQ : QR : RD = $\boxed{エ}$: $\boxed{イ}$: $\boxed{ウ}$ となることがわかる。

　$\boxed{ア}$ の解答群

⓪ AC	① AP	② AQ	③ CP	④ PQ

(2) 5 点 **P**, **Q**, **R**, **S**, **T** が同一円周上にあるとし，**AC** = 1 であるとする。

(ⅰ) 5 点 **A**, **P**, **Q**, **S**, **T** に着目すると，**AT**：**AS** = 1：2 より

$$\mathbf{AT} = \sqrt{\boxed{カ}} \text{ となる。さらに，} 5 \text{ 点 } \mathbf{A}, \mathbf{P}, \mathbf{Q}, \mathbf{S}, \mathbf{T} \text{ に着目すると，}$$

DR = $4\sqrt{3}$ となることがわかる。

(ⅱ) 3 点 **A**, **B**, **C** を通る円と点 **D** との位置関係を，次の**構想**に基づいて調べよう。

> **構想**
> 線分 **AC** と **BD** の交点 **Q** に着目し，**AQ·CQ** と **BQ·DQ** の大小を比べる。

まず，**AQ·CQ** = 5・3 = 15 かつ **BQ·DQ** = $\boxed{キク}$ であるから

AQ·CQ $\boxed{ケ}$ **BQ·DQ** ……① が成り立つ。また，3 点 **A**, **B**, **C** を通る円と直線 **BD** との交点のうち，**B** と異なる点を **X** とすると，

AQ·CQ $\boxed{コ}$ **BQ·XQ** ……② が成り立つ。

①と②の左辺は同じなので，①と②の右辺を比べることにより，

XQ $\boxed{サ}$ **DQ** が得られる。したがって，点 **D** は 3 点 **A**, **B**, **C** を通る円の $\boxed{シ}$ にある。

$\boxed{ケ}$ ～ $\boxed{サ}$ の解答群 (同じものを繰り返し選んでもよい。)

⓪ <	① =	② >

$\boxed{シ}$ の解答群

⓪ 内 部	① 周 上	② 外 部

(ⅲ) 3 点 **C**, **D**, **E** を通る円と 2 点 **A**, **B** との位置関係について調べよう。この星形の図形において，さらに **CR** = **RS** = **SE** = 3 となることがわかる。したがって，点 **A** は 3 点 **C**, **D**, **E** を通る円の $\boxed{ス}$ にあり，点 **B** は 3 点 **C**, **D**, **E** を通る円の $\boxed{セ}$ にある。

$\boxed{ス}$，$\boxed{セ}$ の解答群 (同じものを繰り返し選んでもよい。)

⓪ 内 部	① 周 上	② 外 部

2025 年度 共通テスト
数学 I・A

正解と配点

2020年度　共通テスト 数学 I・A
正解と配点（100点満点）

問題番号（配点）	解答記号	正解	配点	問題番号（配点）	解答記号	正解	配点
第1問 (35)	アイ，ウ	$-3, 2$	1	第3問 (20)	$\dfrac{アイ}{ウエ}$	$\dfrac{16}{81}$	3
	エオ	-1	2		$\dfrac{オカ}{キク}$	$\dfrac{32}{81}$	3
	カ	2	2		$\dfrac{ケ}{コサ}$	$\dfrac{8}{27}$	3
	キ	3	2		$\dfrac{シ}{スセ}$	$\dfrac{8}{81}$	3
	ク	2	2		$\dfrac{ソ}{タチ}$	$\dfrac{1}{81}$	3
	ケ，コ	2, 4	2		$\dfrac{ツ}{テ}$	$\dfrac{1}{6}$	5
	サ	4	1	第4問 (20)	ア	0	2
	シ	4	1		イウ，エ	25, 5	2
	スセ	21	2		オカ，キ	49, 7	2
	ソ	7	2		クケ，コ	12, 2	2
	タ，チツ	5, 25	2		サ	0	2
	テト	10	2		シ	2	2
	ナ，ニ	2, 4	2		ス，セ	2, 1	2
	ヌネ	21	2		ソ，タ	4, 2	2
	ノ，ハ	8, 4	2		チツテ	146	2
	ヒ	2	2		トナニヌネ	10210	2
	フ	8	2	第5問 (20)	アイ	10	3
	ヘ	5	2		$\sqrt{ウ}$	$\sqrt{5}$	3
	ホ	4	2		$\dfrac{エオ}{カ}$	$\dfrac{10}{3}$	3
第2問 (25)	ア	3	2		$\dfrac{キ}{ク}$	$\dfrac{3}{5}$	3
	イ	7	2		ケ$\sqrt{コ}$	$2\sqrt{5}$	4
	$\dfrac{ウエ\sqrt{オ}}{カ}$	$\dfrac{55\sqrt{3}}{4}$	3		$\dfrac{サ\sqrt{シ}}{ス}$	$\dfrac{5\sqrt{5}}{4}$	4
	$\dfrac{キ\sqrt{ク}}{ケ}$	$\dfrac{7\sqrt{3}}{3}$	3				
	コサ，シ	48, 0	2				
	スセ	36	2				
	ソ，タチ	0, 28	2				
	ツテ	62	3				
	トナ	46	2				
	ニヌ，ネ	52, 5	2				
	ノハ	64	2				

2021年度 共通テスト 数学Ⅰ・A
正解と配点（100点満点）

問題番号 (配点)	解答記号	正解	配点	問題番号 (配点)	解答記号	正解	配点
第1問 (35)	アイ	-6	2	第3問 (20)	$\dfrac{\text{ア}}{\text{イウ}}$	$\dfrac{1}{36}$	3
	ウエ	13	2		$\dfrac{\text{エ}}{\text{オ}}$	$\dfrac{5}{6}$	4
	オカキ	211	3				
	ク	2	2		$\dfrac{\text{カ}}{\text{キ}}$	$\dfrac{1}{9}$	4
	ケ	1	2				
	コ	1	2		$\dfrac{\text{ク}}{\text{ケ}}$	$\dfrac{2}{9}$	4
	サ	3	2				
	シス	-6	2		$\dfrac{\text{コ}}{\text{サ}}$	$\dfrac{1}{2}$	5
	セソ	-2	2	第4問 (20)	ア	5	1
	タチ, ツ	$-2, 3$	3		イ	4	1
	$\dfrac{\text{テ}}{\text{ト}}$, ナ	$\dfrac{5}{2}$, 3	3		ウ	6	2
	ニ	1	2		エ	2	2
	ヌ	6	2		オ	3	2
	ネ	0	1		カ	1	2
	ノ	0	1		キ	5	2
	ハ	2	2		ク	4	2
	ヒ	3	2		ケ	2	3
第2問 (25)	ア, イ, ウエ	2, 8, 16	2		コ	3	3
	オ	2	2	第5問 (20)	ア, イ	2, 4	4
	$\dfrac{\text{カ}\sqrt{\text{キク}}}{\text{ケコ}}$	$\dfrac{3\sqrt{10}}{10}$	3		ウ, エ	0, 4	4
	サ	6	3		オ	9	4
	シス	36	1		カ, キ	3, 6	4
	セソ, タチ	30, 62	2		ク	8	4
	ツテ	60	2				
	トナ	61	2				
	ニヌ	60	2				
	ネノ	50	3				
	$\dfrac{\sqrt{\text{ハ}}}{\text{ヒ}}$	$\dfrac{\sqrt{2}}{3}$	3				

2022年度 共通テスト 数学 I・A
正解と配点（100点満点）

問題番号(配点)	解答記号	正解	配点
第1問 (30)	$(アx+イ)(x-ウ)$	$(2x+5)(x-2)$	2
	$\dfrac{-エ\pm\sqrt{オカ}}{キ}$	$\dfrac{-5\pm\sqrt{65}}{4}$	2
	$\dfrac{ク+\sqrt{ケコ}}{サ}$	$\dfrac{5+\sqrt{65}}{2}$	2
	シ	6	2
	ス	3	2
	$\dfrac{セ}{ソ}$	$\dfrac{4}{5}$	2
	タチ	12	2
	ツテ	12	2
	ト	2	1
	ナ	0	1
	ニ	1	1
	ヌ	3	3
	ネ	2	2
	ノ	2	2
	ハ	0	2
	ヒ	3	2
第2問 (30)	ア	2	3
	$イウx+\dfrac{エオ}{5}$	$-2x+\dfrac{44}{5}$	3
	カ.キク	2.00	2
	ケ.コサ	2.20	3
	シ.スセ	4.40	2
	ソ	3	2
	タとチ	1と3 (解答の順序は問わない)	4 (各2)
	ツ	1	2
	テ	4	3
	ト	5	3
	ナ	2	3

問題番号(配点)	解答記号	正解	配点
第3問 (20)	$\dfrac{ア}{イ}$	$\dfrac{3}{8}$	2
	$\dfrac{ウ}{エ}$	$\dfrac{4}{9}$	3
	$\dfrac{オカ}{キク}$	$\dfrac{27}{59}$	3
	$\dfrac{ケコ}{サシ}$	$\dfrac{32}{59}$	2
	ス	3	3
	$\dfrac{セソタ}{チツテ}$	$\dfrac{216}{715}$	4
	ト	8	3
第4問 (20)	ア	2	1
	イ	3	1
	ウ, エ	3, 5	3
	オ	4	2
	カ	4	2
	キ	8	1
	ク	1	2
	ケ	4	2
	コ	5	1
	サ	3	2
	シ	6	3
第5問 (20)	$\dfrac{ア}{イ}$	$\dfrac{3}{2}$	2
	$\dfrac{ウ\sqrt{エ}}{オ}$	$\dfrac{3\sqrt{5}}{2}$	2
	$カ\sqrt{キ}$	$2\sqrt{5}$	2
	$\sqrt{ク}\,r$	$\sqrt{5}\,r$	2
	$ケ-r$	$5-r$	2
	$\dfrac{コ}{サ}$	$\dfrac{5}{4}$	2
	シ	1	2
	$\sqrt{ス}$	$\sqrt{5}$	2
	$\dfrac{セ}{ソ}$	$\dfrac{5}{2}$	2
	タ	1	2

（注）第1問, 第2問は必答。第3問〜第5問のうちから2問選択。計4問を解答。

2023年度　共通テスト 数学Ⅰ・A
正解と配点（100点満点）

問題番号（配点）	解答記号	正解	配点	問題番号（配点）	解答記号	正解	配点
第1問 (30)	アイ	-8	2	第3問 (20)	アイウ	320	3
	ウエ	-4	1		エオ	60	3
	オ, カ	2, 2	2		カキ	32	3
	キ, ク	4, 4	2		クケ	30	3
	ケ, コ	7, 3	3		コ	2	3
	サ	0	3		サシス	260	2
	シ	7	3		セソタチ	1020	3
	ス	4	2	第4問 (20)	アイ	11	2
	セソ	27	2		ウエオカ	2310	3
	$\dfrac{タ}{チ}$	$\dfrac{5}{6}$	2		キク	22	3
	ツ$\sqrt{\text{テト}}$	$6\sqrt{11}$	3		ケコサシ	1848	3
	ナ	6	2		スセソ	770	2
	ニヌ$(\sqrt{\text{ネノ}}+\sqrt{\text{ハ}})$	$10(\sqrt{11}+\sqrt{2})$	3		タチ	33	2
第2問 (30)	ア	2	2		ツテトナ	2310	2
	イ	5	2		ニヌネノ	6930	3
	ウ	1	2	第5問 (20)	アイ	90	2
	エ	2	3		ウ	3	3
	オ	2	3		エ	4	3
	カ	7	3		オ	3	3
	キ, ク	4, 3	3		カ	2	2
	ケ, コ	4, 3	3		キ	3	3
	サ	2	3		$\dfrac{ク\sqrt{ケ}}{コ}$	$\dfrac{3\sqrt{6}}{2}$	3
	$\dfrac{シ\sqrt{ス}}{セソ}$	$\dfrac{5\sqrt{3}}{57}$	3		サ	7	2
	タ, チ	0, 0	3				

（注）第1問, 第2問は必答。第3問〜第5問の
うちから2問選択。計4問を解答。

2024年度　共通テスト 数学 I・A
正解と配点（100点満点）

問題番号(配点)	解答記号	正解	配点	問題番号(配点)	解答記号	正解	配点
第1問(30)	ア	7	2	第3問(20)	$\dfrac{ア}{イ}$	$\dfrac{1}{2}$	2
	イ, ウ	7, 3	2		ウ	6	2
	エオカ	-56	2		エオ	14	2
	キク	14	2		$\dfrac{カ}{キ}$	$\dfrac{7}{8}$	2
	ケ, コ, サ	3, 6, 0	2		ク	6	2
	シ	4	4		$\dfrac{ケ}{コ}$	$\dfrac{2}{9}$	2
	ス, セ	4, 0	4		サシ	42	2
	ソ, タ, チ	7, 4, 2	4		スセ	54	2
	ツ	3	4		ソタ	54	2
	テ, ト, ナ, ニ	7, 5, 0, 1	4		$\dfrac{チツ}{テトナ}$	$\dfrac{75}{512}$	2
第2問(30)	ア	9	3	第4問(20)	アイウ	104	2
	イ	8	3		エオカ	103	3
	ウエ	12	2		キク	64	2
	オ	8	1		ケコサシ	1728	3
	カキ	13	2		スセ, ソ	64, 6	3
	$ク-\sqrt{ケ}+\sqrt{コ}$	$3-\sqrt{3}+\sqrt{2}$	4		タチツ	518	4
	サ	8	2		テ	3	3
	シ	6	2	第5問(20)	ア	0	2
	ス	4	2		イ：ウ	1：4	3
	セ	0	2		エ：オ	3：8	2
	ソ.タチ	3.51	2		カ	5	3
	ツ	1	2		キク, ケ	45, 0	3
	テ	1	3		コ, サ, シ	1, 0, 2	4
（注）第1問, 第2問は必答。第3問～第5問のうちから2問選択。計4問を解答。					ス, セ	2, 2	3

2025年度 共通テスト
数学Ⅰ・A

解答＆解説

第 1 問（必答問題）（配点　35）

[1] $a \neq 0$, $a + b + c = 0$, $-a + b + 2c = 0$ のとき，$b = \boxed{\text{アイ}}\, a$, $c = \boxed{\text{ウ}}\, a$ より，

$$\frac{ab + bc + ca}{a^2 + b^2 + c^2} = \frac{\boxed{\text{エオ}}}{2} \text{ となる。}$$

[2] 次の $\boxed{\text{カ}} \sim \boxed{\text{ク}}$ に当てはまるものを，下の ⓪〜③ のうちから一つずつ選べ。ただし，a，b，c は実数，$\angle A$ は正の角度とする。

(1) $a = b$ は，$ac = bc$ であるための $\boxed{\text{カ}}$。

(2) $a > b$ は，$a^2 > b^2$ であるための $\boxed{\text{キ}}$。

(3) $\angle A > 90°$ は，$\triangle ABC$ が鈍角三角形であるための $\boxed{\text{ク}}$。

⓪ 必要十分条件である　　① 必要条件であるが，十分条件ではない
② 十分条件であるが，必要条件ではない
③ 必要条件でも，十分条件でもない

[3] 2 次関数 $y = x^2 - ax$ ……① で表される放物線の頂点の座標は

$$\left(\frac{a}{\boxed{\text{ケ}}},\ -\frac{a^2}{\boxed{\text{コ}}} \right) \text{ である。}$$

$2 \le x \le 5$ の範囲における①の最大値と最小値の差を d とおく。

(1) $a = 6$ のとき，$d = \boxed{\text{サ}}$ である。

(2) d は，次のように a の値の範囲により，4 通りに場合分けされる。

（ i ）$a \le \boxed{\text{シ}}$ のとき，$d = -3a + \boxed{\text{スセ}}$

（ ii ）$\boxed{\text{シ}} < a \le \boxed{\text{ソ}}$ のとき，$d = \dfrac{a^2}{4} - \boxed{\text{タ}}\, a + \boxed{\text{チツ}}$

（iii）$\boxed{\text{ソ}} < a \le \boxed{\text{テト}}$ のとき，$d = \dfrac{a^2}{4} - \boxed{\text{ナ}}\, a + \boxed{\text{ニ}}$

（iv）$\boxed{\text{テト}} < a$ のとき，$d = 3a - \boxed{\text{ヌネ}}$

[4] 正の整数 x, y が,

$5x - 8y = 32$ ……㋐, $x + y < 55$ ……㋑ をみたすものとする。

このとき, $\boxed{ヒ}$ に当てはまるものを下の①〜③のうちから一つ選べ。

㋐を変形すると, $5x = \boxed{ノ}\left(y + \boxed{ハ}\right)$ である。ここで,

5 と $\boxed{ノ}$ は $\boxed{ヒ}$ である。

① 互いに共役　　② 互いに素　　③ 互いに正則

よって, 正の整数 k を用いて,

$x = \boxed{フ}k$, $y = \boxed{ヘ}k - 4$ と表される。

さらに, ㋑の条件より, これをみたす整数の組 (x, y) は全部で $\boxed{ホ}$ 組

ある。

ヒント! **[1]** b と c を a の式で表して, これを分数式に代入して, その値を求めよう。**[2]** $p \Rightarrow q$ ならば, p は十分条件, $p \Leftarrow q$ ならば, p は必要条件だね。**[3]** これは 2 次関数のカニ歩き & 場合分けの問題だ。最大値と最小値をいずれも求めるので, 4 通りの場合分けが必要となるんだね。**[4]** は, 正の整数 x と y の 1 次の不定方程式の問題なんだね。導入に従って, テンポよく解いていこう!

解答 & 解説

[1] $\begin{cases} a+b+c=0 \cdots ① \\ -a+b+2c=0 \cdots ② \end{cases}$ $(a \neq 0)$ とおく。

①×2−②より, $3a+b=0$ ∴ $b=-3a$

これを①に代入して, $-2a+c=0$

∴ $b = \underset{\sim}{-3a}$, $c = \underset{=}{2a}$

………(答)(アイ, ウ)

よって, 求める分数式を a で表して, 変形すると,

$\dfrac{a \cdot \underset{\sim}{b} + \underset{\sim}{b} \cdot \underset{=}{c} + \underset{=}{c} \cdot a}{a^2 + \underset{\sim}{b^2} + \underset{=}{c^2}} = \dfrac{-3a^2 - 6a^2 + 2a^2}{a^2 + (-3a)^2 + (2a)^2}$

$\dfrac{-7a^2}{14a^2} = \dfrac{-1}{2}$ ……(答)(エオ)

[2] a, b, c：実数, ∠A：正の角度とする。

(1) ・$a = b \Rightarrow ac = bc$

　　両辺に c をかけても成り立つ。

・$a = b \Leftarrow ac = bc$

　（反例 $a = 1$, $b = 2$, $c = 0$）

よって, $a = b$ は十分条件。

∴ ② ………(答)(カ)

(2) ・$a > b \Rightarrow a^2 > b^2$

　（反例 $a = 1$, $b = -2$）

・$a > b \Leftarrow a^2 > b^2$

　（反例 $a = -2$, $b = 1$）

よって, $a > b$ は必要条件でも, 十分条件でもない。

∴ ③ ………(答)(キ)

(3) ・$\angle A > 90° \Longrightarrow \triangle ABC$ は鈍角三角形

・$\angle A > 90° \not\Longleftarrow \triangle ABC$ は鈍角三角形

（反例 $\angle A = \angle B = 30°$, $\angle C = 120°$）

よって，$\angle A > 90°$ は十分条件。

∴ ② ⋯⋯⋯⋯⋯⋯⋯⋯（答）（ク）

[3] ①を $y = f(x)$ とおいて変形すると，

$$y = f(x) = x^2 - ax$$

$$= \left(x^2 - ax + \frac{a^2}{4} \right) - \frac{a^2}{4}$$

> 2で割って2乗

$$= \left(x - \frac{a}{2} \right)^2 - \frac{a^2}{4}$$

よって，放物線 $y = f(x)$ の頂点の座標は $\left(\dfrac{a}{2}, \ -\dfrac{a^2}{4} \right)$ である。

⋯⋯⋯（答）（ケ，コ）

ここで，$2 \leqq x \leqq 5$ における $y = f(x)$ の最大値を M，最小値を m とおいて，$d = M - m$ とおく。

(1) $a = 6$ のとき，

$$y = f(x) = (x - 3)^2 - 9$$

$(2 \leqq x \leqq 5)$ より，

$$\begin{cases} M = f(5) = 4 - 9 \\ \qquad = -5 \\ m = f(3) = -9 \end{cases}$$

∴ $d = M - m$

$$= -5 - (-9) = 4 \quad \cdots（答）（サ）$$

(2) 一般の a に対して，$d (= M - m)$ を求めるには，放物線の頂点の x 座標 $\dfrac{a}{2}$ に対して，次の4通りの場合分けが必要となる。

（i）$\dfrac{a}{2} \leqq 2$, すなわち $a \leqq 4$

（ii）$2 < \dfrac{a}{2} \leqq \dfrac{7}{2}$, すなわち

> 区間 $2 \leqq x \leqq 5$ の中点の x 座標

$4 < a \leqq 7$

（iii）$\dfrac{7}{2} < \dfrac{a}{2} \leqq 5$, すなわち

$7 < a \leqq 10$

（iv）$5 < \dfrac{a}{2}$, すなわち $10 < a$

（i）～（iv）の場合のグラフを示す。

（i）$a \leqq 4$

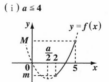

（ii）$4 < a \leqq 7$

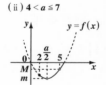

（iii）$7 < a \leqq 10$

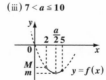

（iv）$10 < a$

以上より，

（ⅰ）$a \leqq 4$ のとき，　……………（答）（シ）

$$\begin{cases} M = f(5) = 25 - 5a \\ m = f(2) = 4 - 2a \end{cases}$$

$\therefore d = M - m = 25 - 5a - (4 - 2a)$

$\quad = -3a + 21$ …………（答）

（スセ）

（ⅱ）$4 < a \leqq 7$ のとき，　……（答）（ソ）

$$\begin{cases} M = f(5) = 25 - 5a \\ m = f\left(\dfrac{a}{2}\right) = -\dfrac{a^2}{4} \end{cases}$$

$\therefore d = M - m = 25 - 5a - \left(-\dfrac{a^2}{4}\right)$

$\quad = \dfrac{a^2}{4} - 5a + 25$ …………（答）

（タ，チツ）

（ⅲ）$7 < a \leqq 10$ のとき，…（答）（テト）

$$\begin{cases} M = f(2) = 4 - 2a \\ m = f\left(\dfrac{a}{2}\right) = -\dfrac{a^2}{4} \end{cases}$$

$\therefore d = M - m = 4 - 2a - \left(-\dfrac{a^2}{4}\right)$

$\quad = \dfrac{a^2}{4} - 2a + 4$ …………（答）

（ナ，ニ）

（ⅳ）$10 < a$ のとき，

$$\begin{cases} M = f(2) = 4 - 2a \\ m = f(5) = 25 - 5a \end{cases}$$

$\therefore d = M - m = 4 - 2a - (25 - 5a)$

$\quad = 3a - 21$ ………………（答）

（ヌネ）

---

[4] 正の整数 x, y が，

$5x - 8y = 32$ ……㋐ と

$x + y < 55$ ………㋑ をみたす。

㋐を変形して，

$5x = 8y + 32$

$5x = 8(y + 4)$ ……㋐′

………（答）（ノ，ハ）

㋐′ より，左辺は 5 の倍数であり，

右辺は 8 の倍数である。

ここで，5 と 8 は<u>互いに素</u>である。

$\boxed{\text{正の公約数が } 1 \text{ 以外にない。}}$

$\therefore$ ② ……………………………（答）（ヒ）

よって，$5x$ は 8 の倍数だけれど

5 と 8 は互いに素より，x が 8 の

倍数でなければならない。

よって，正の整数 k を用いると，

$x = 8k$ ……㋒ となる。

………（答）（フ）

㋒を㋐′ に代入すると，

$5 \times 8k = 8(y + 4)$

$5k = y + 4$

$\therefore y = 5k - 4$ ……㋓ となる。

………（答）（ヘ）

次に，㋒と㋓を㋑に代入すると，

$8k + 5k - 4 < 55$

$13k < 59$

$\therefore k < \dfrac{59}{13} = 4.53\cdots$

$\therefore k = 1, 2, 3, 4$ であるので，

これに対応する 4 組の (x, y) が存在する。 ……………(答)(ホ)

[4]の問題と関連させて，選択問題の第 4 問 (整数の性質) でよく出題される不定 1 次方程式の問題についても次の例題を解いておこう。

---

2 つの整数 x, y について，

(1) $5x - 8y = 1$ をみたす x, y を求めよ。

(2) $5x - 8y = 3$ をみたす x, y を求めよ。

---

(1) では，$5x - 8y = 1$ ……①
$$(x, y：整数)$$
をみたす 1 組の解をまず求めると，$x = 5, y = 3$ であることが分かる。よって，

$5 \cdot 5 - 8 \cdot 3 = 1$ ……①′ とおく。

①−①′ より，

$5(x - 5) - 8(y - 3) = 0$ より，

$5(x - 5) = 8(y - 3)$ ……②

$\underbrace{\qquad}_{整数} \qquad \underbrace{\qquad}_{整数}$

この左辺は 5 の倍数，この右辺は 8 の倍数であるが，5 と 8 は互いに素であるので，$x - 5$ が 8 の倍数でなければならない。よって，整数 k を用いて，

$x - 5 = 8k$ ……③ と表される。

③を②に代入して，

$5 \cdot 8k = 8(y - 3)$

$5k = y - 3$

以上より，①の x と y の解は，

$x = 8k + 5 \qquad y = 5k + 3$

$(k：整数)$ である。

(2) $5x - 8y = 3$ ……④ $(x, y：整数)$ をみたす (x, y) の組は，

①′ の両辺に 3 をかければすぐに求められる。

$5 \cdot 15 - 8 \cdot 9 = 3$ ……④′

後は同様に

④−④′ より，

$5(x - 15) - 8(y - 9) = 0$

$5(x - 15) = 8(y - 9)$ ……⑤

5 と 8 は互いに素より，

$x - 15 = 8k \quad (k：整数)$

これを⑤に代入して，

$5 \cdot 8k = 8(y - 9)$

$5k = y - 9$

以上より，④の解は，

$x = 8k + 15 \qquad y = 5k + 9$

$(k：整数)$ として求められるんだね。大丈夫？

第2問（必答問題）（配点 25）

[1] 円に内接する四角形 ABCD があり，BC = 5，CD = 5，DA = 8，
∠ABC = 120° である。このとき，
AB = $\boxed{ア}$，AC = $\boxed{イ}$ である。

また，四角形 ABCD の面積は $\dfrac{\boxed{ウエ}\sqrt{\boxed{オ}}}{\boxed{カ}}$ であり，四角形 ABCD

の外接円の半径は，$\dfrac{\boxed{キ}\sqrt{\boxed{ク}}}{\boxed{ケ}}$ である。

ヒント！ 円に内接する四角形の問題だね。四角形を 2 つの三角形に分割して，余弦定理や正弦定理をうまく利用して解いていこう。

解答&解説

円に内接する四角形 ABCD の図を
右に示す。
AB = x，
AC = y とおい
て，△ABC と
△ACD に余弦
定理を用いると，

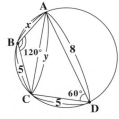

$$\begin{cases} y^2 = x^2 + 5^2 - 2 \cdot x \cdot 5 \cdot \underbrace{\cos 120°}_{\boxed{-\frac{1}{2}}} \\ y^2 = 5^2 + 8^2 - 2 \cdot 5 \cdot 8 \cdot \underbrace{\cos 60°}_{\boxed{\frac{1}{2}}} \end{cases}$$

$\therefore \begin{cases} y^2 = x^2 + 5x + 25 \quad \cdots\cdots\text{①} \\ y^2 = 49 \quad \cdots\cdots\cdots\cdots\text{②} \end{cases}$

①，②より y^2 を消去して，
$x^2 + 5x + 25 = 49$，$x^2 + 5x - 24 = 0$
$(x + 8)(x - 3) = 0$ よって，$x > 0$ より，
$x = $ AB $ = 3$ ······················(答)（ア）

②より，
$y = $ AC $ = 7$ ······················(答)（イ）

□ABCDの面積は△ABCと△ACD
の面積の和より，

□ABCD = △ABC + △ACD

$= \dfrac{1}{2} \cdot 3 \cdot 5 \cdot \underbrace{\sin 120°}_{\boxed{\frac{\sqrt{3}}{2}}} + \dfrac{1}{2} \cdot 5 \cdot 8 \cdot \underbrace{\sin 60°}_{\boxed{\frac{\sqrt{3}}{2}}}$

$= \dfrac{15\sqrt{3} + 40\sqrt{3}}{4} = \dfrac{55\sqrt{3}}{4}$ ·········(答)

（ウエ，オ，カ）

□ABC と△ABC の外接円は同じな
ので，△ABC に正弦定理を用いて，
この外接円の半径 R を求めると，

$R = \dfrac{\overset{y}{\boxed{7}}}{2\sin 120°} = \dfrac{7}{2 \cdot \dfrac{\sqrt{3}}{2}}$

$= \dfrac{7\sqrt{3}}{3}$ ···············(答)（キ，ク，ケ）

[2] 右の表は，10名からなるある少人数クラスをⅠ班とⅡ班に分けて，100点満点で実施した数学と英語のテストの得点をまとめたものである。ただし，表中の平均値はそれぞれ数学と英語のクラス全体の平均値を表している。また，A，Bの値はいずれも整数とする。

以下，小数の形で解答する場合は，指定された桁数の一つ下の桁を四捨五入し，解答せよ。途中で割り切れた場合は，指定された桁まで⓪にマークすること。

班	番号	数学	英語
Ⅰ	1	40	43
	2	63	55
	3	59	B
	4	35	64
	5	43	36
Ⅱ	1	A	48
	2	51	46
	3	57	71
	4	32	65
	5	34	50
平均値		45.0	54

(1) 数学の得点について，Ⅰ班の平均値は $\boxed{コサ}.\boxed{シ}$ 点である。また，クラス全体の平均値は 45.0 点であるので，Ⅱ班の1番目の生徒の数学の得点 A は $\boxed{スセ}$ 点である。

(2) Ⅱ班の数学と英語の得点について，数学と英語の分散はともに101.2である。したがって，相関係数は $\boxed{ソ}.\boxed{タチ}$ である。

(3) Ⅰ班の3番目の生徒の英語の得点 B は $\boxed{ツテ}$ 点である。クラス全体の英語の得点データの第1四分位数は $\boxed{トナ}$ であり，第2四分位数(中央値)は $\boxed{ニヌ}.\boxed{ネ}$ であり，第3四分位数は $\boxed{ノハ}$ である。

ヒント！ (1) 数学のⅠ班とⅡ班の平均点の相加平均が，全体の平均点の45点になる。(2) は，第Ⅱ班の数学と英語の得点の共分散を求めて，相関係数を求めよう。(3) は，英語の得点データを小さい順に並べて，各四分位数を求める。

解答&解説

(1) Ⅰ班の数学の得点

40，63，59，35，43 の仮平均を50として，平均値 m_I を求めると，

$$m_I = 50 + \frac{-10 + 13 + 9 - 15 - 7}{5}$$
$$= 50 - \frac{10}{5} = 48.0 (点) \cdots\cdots(答)$$
$$(コサ，シ)$$

Ⅰ班とⅡ班の人数が同じなので，Ⅰ班とⅡ班の平均点 $m_{\mathrm{I}}(=48)$ と m_{II} の相加平均がクラス全体の数学の平均点 45 になる。

よって，$\dfrac{48+m_{\mathrm{II}}}{2}=45$ より，

$m_{\mathrm{II}}=90-48=42$（点）となる。

よって，Ⅱ班の数学の得点

A，51，57，32，34 の

平均点 $m_{\mathrm{II}}=42$ からの偏差は

A-42，9，15，-10，-8であり，

この総和は 0 である。よって，

A$-42+9+15-10-8=0$ より，

A$=42-6=36$(点) …(答) (スセ)

(2) Ⅱ班の英語の得点

48，46，71，65，50 の

平均点 $m_{\mathrm{II}}{}'$ は仮平均を 50 として

$m_{\mathrm{II}}{}'=50+\dfrac{-2-4+21+15+0}{5}$

$=50+\dfrac{30}{5}=56$（点）

よって，Ⅱ班の数学と英語の得点の共分散 S_{XY} は，

$S_{XY}=\dfrac{1}{5}\{-6\times(-8)+9\times(-10)+15$

$\times 15+(-10)\times 9+(-8)\times(-6)\}$

$=\dfrac{141}{5}=28.2$

数学と英語の得点の分散 $S_X{}^2$ と $S_Y{}^2$ は共に 101.2 より，

相関係数 r_{XY} は

$r_{XY}=\dfrac{S_{XY}}{S_X\cdot S_Y}$

$=\dfrac{28.2}{\sqrt{101.2}\sqrt{101.2}}$

$=\dfrac{28.2}{101.2}=\dfrac{282}{1012}$

$=\dfrac{141}{506}=0.278\cdots$

$\fallingdotseq 0.28$ ……………(答)

(ソ, タチ)

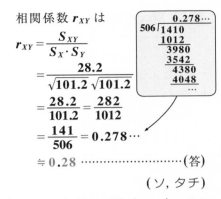

$$\begin{array}{r} 0.278\cdots \\ 506\,\overline{)1410} \\ \underline{1012} \\ 3980 \\ \underline{3542} \\ 4380 \\ \underline{4048} \\ \cdots \end{array}$$

(3) Ⅱ班の英語の平均点 $m_{\mathrm{II}}{}'$ の 56 とクラス全体の英語の平均点 54 から，Ⅰ班の英語の平均点 $m_{\mathrm{I}}{}'$ は

$m_{\mathrm{I}}{}'=52$

Ⅰ班の英語の得点

43，55，B，64，36 の

$m_{\mathrm{I}}{}'=52$ からの偏差の総和は 0 より，

$-9+3+$B$-52+12-16=0$

B$=52+10=62$(点) ………(答)

(ツテ)

クラス全体の英語の得点を小さい順に並べると，

36, 43, 46, 48, 50, 55, 62, 64, 65, 71

q_1　$q_2=52.5$　q_3

よって，この第 1，2，3 四分位数をそれぞれ q_1，q_2，q_3 とおくと，

$q_1=46$ ………………(答) (トナ)

$q_2=52.5$ …………(答) (ニヌ, ネ)

$q_3=64$ ………………(答) (ノハ)

第 3 問 （選択問題） （配点 20）

右図のような基盤目状の経路上を，A，B 2 つの地点から，それぞれ 2 つの動点 Q，R を次のように移動させる。

サイコロを 1 回投げて，

（ⅰ）1，2，3，4 の目が出るとき，
Q は右に 1 区間，R は下に 1 区間だけ移動させる。

（ⅱ）5，6 の目が出るとき，
Q は上に 1 区間，R は左に 1 区間だけ移動させる。

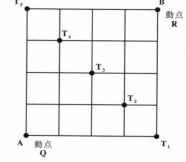

(1) このようにすると，サイコロを 4 回投げた時点で，2 点 Q，R は，5 つの地点 T_1，T_2，T_3，T_4，T_5 のいずれかで出会うことになる。T_k で出会う確率を P_k $(k=1,2,3,4,5)$ とおくと，

$$P_1 = \frac{\boxed{アイ}}{\boxed{ウエ}}, \quad P_2 = \frac{\boxed{オカ}}{\boxed{キク}}, \quad P_3 = \frac{\boxed{ケ}}{\boxed{コサ}},$$

$$P_4 = \frac{\boxed{シ}}{\boxed{スセ}}, \quad P_5 = \frac{\boxed{ソ}}{\boxed{タチ}} \quad である。$$

(2) Q，R が T_3 で出会うという条件の下で，サイコロを 4 回投げて初めの 2 回続けて 1，2，3，4 のいずれかの目が出る条件付き確率は $\dfrac{\boxed{ツ}}{\boxed{テ}}$ である。（ただし，確率はすべて既約分数で答えよ。）

ヒント! **(1)** 動点の移動と確率の問題だ。ここでは反復試行の確率を使うことになるんだね。**(2)** の条件付き確率も，定義通りに計算しよう。

解答＆解説

(1) サイコロを 1 回投げて，
・1，2，3，4 の目が出る確率を p，
・5，6 の目が出る確率を q とおくと，

1，2，3，4 の目

$$p = \frac{4}{6} = \frac{2}{3}, \quad q = 1 - p = \frac{1}{3}$$

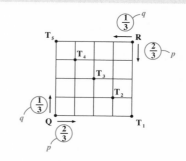

（ⅰ）Q，R が T_1 で出会うのは，4 回とも 1，2，3，4 のいずれかの目が出る場合に対応する。よって，その確率 P_1 は，

$$P_1 = p^4 = \left(\frac{2}{3}\right)^4 = \frac{16}{81} \cdots\cdots\cdots\cdots（答）$$

（アイ，ウエ）

（ⅱ）Q，R が T_2 で出会うのは，4 回中 3 回が 1，2，3，4 のいずれかの目で，1 回が 5，6 のいずれかの目が出る場合に対応する。よって，その確率 P_2 は，

$$P_2 = {}_4C_3 \cdot p^3 \cdot q^1 = 4 \cdot \left(\frac{2}{3}\right)^3 \cdot \frac{1}{3}$$

$$= \frac{32}{81} \cdots\cdots\cdots（答）（オカ，キク）$$

（ⅲ）Q，R が T_3 で出会うのは，4 回中 2 回が 1，2，3，4 のいずれかの目で，2 回が 5，6 のいずれかの目が出る場合に対応する。よって，その確率 P_3 は，

$$P_3 = {}_4C_2 \cdot p^2 \cdot q^2 = 6 \cdot \left(\frac{2}{3}\right)^2 \cdot \left(\frac{1}{3}\right)^2$$

$$= \frac{8}{27} \cdots\cdots\cdots\cdots（答）（ケ，コサ）$$

（ⅳ）Q，R が T_4 で出会うのは，4 回中 1 回が 1，2，3，4 のいずれかの目で，3 回が 5，6 のいずれかの目が出る場合に対応する。よって，その確率 P_4 は，

$$P_4 = {}_4C_1 \cdot p^1 \cdot q^3 = 4 \cdot \frac{2}{3} \cdot \left(\frac{1}{3}\right)^3$$

$$= \frac{8}{81} \cdots\cdots\cdots（答）（シ，スセ）$$

（ⅴ）Q，R が T_5 で出会うのは，4 回とも 5，6 のいずれかの目が出る場合に対応する。よって，その確率 P_5 は，

$$P_5 = q^4 = \left(\frac{1}{3}\right)^4$$

$$= \frac{1}{81} \cdots\cdots\cdots（答）（ソ，タチ）$$

（2） 事象 A：Q，R が T_3 で出会う。
事象 B：4 回中初めの 2 回 1，2，3，4 のいずれかの目が出る。

とおいて条件付き確率 $P_A(B)$ を求める。

$$P(A) = P_3 = {}_4C_2 \cdot p^2 q^2 = 6p^2q^2$$
$$P(A \cap B) = p^2 \cdot q^2 \quad より，$$

| 初めの 2 回 1,2,3,4 の目 | 最後の 2 回 5,6 の目が出る | この結果 T_3 で出会う |

$$P_A(B) = \frac{P(A \cap B)}{P(A)} = \frac{p^2 \cdot q^2}{6p^2q^2}$$

$$= \frac{1}{6} \quad である。$$

$$\cdots\cdots\cdots（答）（ツ，テ）$$

第4問（選択問題）（配点 20）

5進法で表される3桁の数 $abc_{(5)}$ を，7進法で表すと3桁の数 $cba_{(7)}$ となった。

(ただし，右下の添字 $_{(n)}$ は，その数が n 進法表示であることを表す。)

(1) a, b, c を次の手順に従って求めよ。

$abc_{(5)} = cba_{(7)}$ ……① $(1 \leq a \leq 4$, $\boxed{ア} \leq b \leq 4$, $1 \leq c \leq 4)$ とおく。

①の両辺を10進法で表すと，

$\boxed{イウ}a + \boxed{エ}b + c = \boxed{オカ}c + \boxed{キ}b + a$ ……② となる。

②をまとめると，$b = \boxed{クケ}(a - \boxed{コ}c)$ ……③ となる。

$a - \boxed{コ}c$ は整数より，b は $\boxed{クケ}$ の倍数である。

よって，$b = \boxed{サ}$ である。

これから，$a = \boxed{シ}c$ ……④ である。以上より，

$(a, b, c) = (\boxed{ス}, \boxed{サ}, \boxed{セ})$ または $(\boxed{ソ}, \boxed{サ}, \boxed{タ})$ である。

(ただし，$\boxed{ス} < \boxed{ソ}$ とする。)

(2) $(a, b, c) = (\boxed{ソ}, \boxed{サ}, \boxed{タ})$ のとき，$abc_{(5)}$ は次のように表示できる。

（ⅰ）$abc_{(5)} = \boxed{チツテ}_{(8)}$

（ⅱ）$abc_{(5)} = \boxed{トナニヌネ}_{(3)}$

▶ヒント！ (1) は，n 進法表示の応用問題だね。導入に従って解いていこう。
(2) は，(1) の結果の5進法表示の数をまず10進数にして，8進数や3進数に変換すればいいんだね。計算法はパターン通りだから，サクッと解こう！

解答＆解説

(1) $\underset{\boxed{5進数}}{abc_{(5)}} = \underset{\boxed{7進数}}{cba_{(7)}}$ ……① に

ついて，a と c は 0 にはなり得ないが，b は 0 にもなり得る。

よって $abc_{(5)}$ より，$1 \leq a \leq 4$，

$0 \leq b \leq 4$，$1 \leq c \leq 4$ ……(答)（ア）

①の両辺を10進法で表すと，

$a \cdot 5^2 + b \cdot 5 + c = c \cdot 7^2 + b \cdot 7 + a$

$25a + 5b + c = 49c + 7b + a$ ……②

............(答)

（イウ，エ，オカ，キ）

②を変形して，

$2b = 24a - 48c$

$b = 12a - 24c$

$b = 12(\underbrace{a - 2c}_{\text{整数}})$ ……③ ………(答)

(クケ, コ)

ここで，$a - 2c$ は整数より，③

から b は 12 の倍数である。

$b = 0$，1，2，3，4 のいずれか

で，12 の倍数となるのは 0 の

みである。

$\therefore b = 0$ ……………………(答)(サ)

> 0 はすべての整数の倍数である
> ことに気を付けよう！

これを③に代入して，

$0 = \cancel{12}(a - 2c)$

$\therefore a = 2c$ ……④ …………(答)(シ)

④ より，$1 \leqq a \leqq 4$，$1 \leqq c \leqq 4$ を

みたす整数の組 (a, c) は，

$(a, c) = (2, 1)$，$(4, 2)$

の 2 通りのみである。

以上より，求める整数の組

(a, b, c) は，

$(a, b, c) = (2, 0, 1)$，………(答)

(ス, セ)

または $(4, 0, 2)$ ………(答)

(ソ, タ)

(2) $(a, b, c) = (4, 0, 2)$ のとき，

$abc_{(5)} = 402_{(5)}$

$= 4 \times 5^2 + 0 \times 5 + 2_{(10)}$

$= 102_{(10)}$ である。

> まず，$402_{(5)}$ を 10 進数で表した！

（ i ）これを 8 進法

で表すと，

右の計算結果

より，

$402_{(5)} = 146_{(8)}$ である。…(答)

(チツテ)

（ ii ）同様に，3 進

法で表すと，

右の計算結果

より，

$402_{(5)} = 10210_{(3)}$ である。

………(答)(トナニヌネ)

第5問（選択問題）（配点 20）

△ABC において，$AB = AC = 5$，$BC = \sqrt{5}$ とする。辺 AC 上に点 D を $AD = 3$ となるようにとり，辺 BC の B の側の延長と△ABD の外接円との交点で B と異なるものを E とする。

$CE \cdot CB = \boxed{アイ}$ であるから，$BE = \sqrt{\boxed{ウ}}$ である。

△ACE の重心を G とすると，$AG = \dfrac{\boxed{エオ}}{\boxed{カ}}$ である。

AB と DE の交点を P とすると，

$\dfrac{DP}{EP} = \dfrac{\boxed{キ}}{\boxed{ク}}$ ……① である。

△ABC と△EDC において，点 A，B，D，E は同一円周上にあるので，$\angle CAB = \angle CED$ で，$\angle C$ は共通であるから，

$DE = \boxed{ケ}\sqrt{\boxed{コ}}$ ……② である。

①，②から，$EP = \dfrac{\boxed{サ}\sqrt{\boxed{シ}}}{\boxed{ス}}$ である。

ヒント！ 三角形の外接円，円に内接する四角形の問題なんだね。方べきの定理やメネラウスの定理など，うまく利用して解いていこう。

解答＆解説

△ABCと，△ABDの外接円，および点 E を右図に示す。

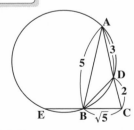

方べきの定理より，

$CB \cdot CE = \underset{2}{\underline{CD}} \cdot \underset{5}{\underline{CA}}$

$\therefore CE \cdot \underset{\sqrt{5}}{\underline{CB}} = 10$ …………(答)(アイ)

さらに，$CB = \sqrt{5}$ より，

$CE = \dfrac{10}{\sqrt{5}} = 2\sqrt{5}$

$\therefore BE = CE - BC$
$= 2\sqrt{5} - \sqrt{5}$
$= \sqrt{5}$ …………………(答)(ウ)

よって，AB は △ACE の中線となるので，重心 G は線分 AB を 2：1

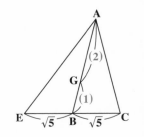

に内分する。

$$\therefore AG = \frac{2}{3} \cdot \underset{⑤}{AB} = \frac{10}{3}$$ ……………(答)

(エオ, カ)

次に, **AB** と **DE** の交点を **P** とおいて, **EP**：**DP** = m：n とおく。

右図のようにメネラウスの定理を用いると,

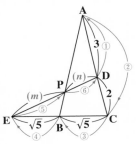

$$\frac{5}{3} \times \frac{\sqrt{5}}{\sqrt{5}} \times \frac{n}{m} = 1$$

$$\therefore \frac{n}{m} = \frac{3}{5}$$ より,

$$\frac{DP}{EP} = \frac{3}{5}$$ ……① ………(答)(キ, ク)

△**ABC** と △**EDC** において, □**ADBE** は円に内接する四角形より,

$$\begin{cases} \angle CAB = \angle CED \ (円周角) \\ \angle C \ は共通 \end{cases}$$

$$\therefore \triangle ABC \backsim \triangle EDC$$

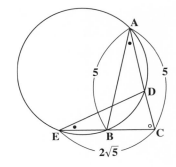

$$\therefore CA：AB = CE：ED$$ より,

$$5 \cdot DE = 10\sqrt{5}$$

$$\therefore DE = 2\sqrt{5}$$ ……②

……(答)

(ケ, コ)

また, **EP**：**PD** = 5：3 より,

$$EP = \frac{5}{8} \cdot DE = \frac{5 \times 2\sqrt{5}}{8}$$

$$= \frac{5\sqrt{5}}{4}$$ …………(答)(サ, シ, ス)

第 1 問（必答問題）（配点 35）

[1] 実数 x, y が，$x+y=-1$, $x^3+y^3=-19$ をみたすとき，$xy=\boxed{アイ}$ であり，$x^2+y^2=\boxed{ウエ}$，$x^5+y^5=-\boxed{オカキ}$ である。

[2] 次の $\boxed{ク}\sim\boxed{サ}$ に当てはまるものを，下の⓪〜③のうちから一つずつ選べ。

(1)「$a>0$」は，「$a\geqq0$」であるための $\boxed{ク}$。

(2)「$a=0$」は，「$a^2+b^2+c^2=0$」であるための $\boxed{ケ}$。

(3)「$ab=0$」は，「$a=0$ かつ $b=0$」であるための $\boxed{コ}$。

(4)「$a^2+b^2=1$」は，「$a+b=0$」であるための $\boxed{サ}$。

⓪ 必要十分条件である

① 必要条件であるが，十分条件ではない

② 十分条件であるが，必要条件ではない

③ 必要条件でも十分条件でもない

[3] 2 次関数 $y=x^2-2ax+2a^2-a-6$ ……① （a：定数）で表される放物線を C とおく。

(1) $a=1$ のとき $-1\leqq x\leqq2$ における 2 次関数①の最小値は $\boxed{シス}$ であり，最大値は $\boxed{セソ}$ である。

(2) 放物線 C が x 軸と異なる 2 点で交わるとき，

$\boxed{タチ}<a<\boxed{ツ}$ である。

この異なる 2 交点での x 座標が共に 1 より大きいとき，

$\dfrac{\boxed{テ}}{\boxed{ト}}<a<\boxed{ナ}$ である。

[4] 正の有理数 a, b と無理数 $\sqrt{3}$ が，次の関係式をみたすものとする。

$$\sqrt{3}\,a^2 + 2a - \sqrt{3}\,b^2 - b = 1 - 5\sqrt{3} \quad \cdots\cdots ①$$

このとき，次の $\boxed{二}$，$\boxed{ヌ}$，$\boxed{ネ}$，$\boxed{ノ}$ に当てはまるものを下の $⓪$〜$⑦$ のうちから一つずつ選べ。ただし，重複して選んでもよい。

①を $\sqrt{3}$ でまとめると，

$(a^2 - b^2 + 5)\sqrt{3} + 2a - b - 1 = 0 \quad \cdots\cdots ②$ となる。

ここで，$a^2 - b^2 + 5\boxed{二}$ であると仮定すると，$\sqrt{3} = \boxed{ヌ}$ となり，

$\sqrt{3}$ は有理数となって矛盾する。よって，$a^2 - b^2 + 5\boxed{ネ} \quad \cdots\cdots ③$ である。

③を②に代入すると，$2a - b - 1\boxed{ノ} \quad \cdots\cdots ④$ となる。

$⓪ \ = 0$	$① \ \neq 0$	$② \ = 1$	$③ \ \neq 1$

$④ \ a^2 - b^2 + 5$ $⑤ \ 2a - b - 1$ $⑥ \ \dfrac{-2a + b + 1}{a^2 - b^2 + 5}$ $⑦ \ \dfrac{a^2 - b^2 + 5}{-2a + b + 1}$

これから，有理数 a, b の値を求めると，$a = \boxed{ハ}$，$b = \boxed{ヒ}$ である。

ヒント! **[1]** 対称式 $x^3 + y^3$ は，$x^3 + y^3 = (x+y)^3 - 3xy(x+y)$ と変形して，基本対称式（$x+y$ と xy）で表される。**[2]** 1 題ずつ $p \Rightarrow q$，$p \Leftarrow q$ の真・偽を確認しながら，結果を出していこう。**[3]**(1)は，簡単な問題なのでスピーディに解こう。(2)の放物線と x 軸との交点の条件の問題は，グラフを描きながら考えるといいよ。**[4]** の前半は，背理法を利用している。導入に従って，テンポよく解いていこう。

解答＆解説

[1] $x + y = -1 \cdots ①$，$x^3 + y^3 = -19 \cdots ②$

よって，②を変形すると，

$\underbrace{x^3 + y^3}_{} = \underbrace{(x+y)^3}_{} - 3xy\underbrace{(x+y)}_{}$ より，

$\underbrace{}_{-19\,(②より)} \quad \underbrace{}_{-1\,(①より)} \quad \underbrace{}_{-1\,(①より)}$

$-19 = (-1)^3 - 3xy \cdot (-1)$

$3xy = -18$

$\therefore xy = -6 \quad \cdots\cdots$ (答)（アイ）

$\cdot \ x^2 + y^2 = \underbrace{(x+y)^2}_{-1\,(①より)} - 2 \cdot \underbrace{xy}_{-6}$

$= (-1)^2 - 2 \cdot (-6) = 13$

$\cdots\cdots\cdots$ (答)（ウエ）

$\cdot \ x^5 + y^5 = \underbrace{(x^2 + y^2)}_{13}\underbrace{(x^3 + y^3)}_{-19\,(②より)}$

$- \underbrace{(xy)^2}_{-6} \cdot \underbrace{(x+y)}_{-1\,(①より)}$

$= 13 \times (-19) - (-6)^2(-1)$

$= -247 + 36 = -211$

$\cdots\cdots\cdots$ (答)（オカキ）

[2] **(1)** ・$a > 0 \Leftrightarrow a \geqq 0$ ← 真理集合の
考え方より

・$a > 0 \not\Leftarrow a \geqq 0$

（反例 $a = 0$）

よって，$a > 0 \overset{\Rightarrow}{\not\Leftarrow} a \geqq 0$ より，

$a > 0$ は十分条件である。

∴ ② ……………(答)(ク)

(2) ・$a = 0 \not\Rightarrow a^2 + b^2 + c^2 = 0$

（反例 $a = 0$, $b = c = 1$）

・$a = 0 \Leftarrow a^2 + b^2 + c^2 = 0$

> これは，$a = 0$ かつ $b = 0$ かつ
> $c = 0$ と同値だね。

よって，$a = 0 \overset{\not\Rightarrow}{\Leftarrow} a^2 + b^2 + c^2 = 0$

より，$a = 0$ は必要条件である。

∴ ① ……………(答)(ケ)

(3) ・$ab = 0 \not\Rightarrow a = 0$ かつ $b = 0$

（反例 $a = 0$, $b = 1$）

・$ab = 0 \Leftarrow a = 0$ かつ $b = 0$

> a, b が共に 0 ならば，その
> 積 ab も必ず 0 になる。

∴ $ab = 0 \overset{\not\Rightarrow}{\Leftarrow} a = 0$ かつ $b = 0$

より，$ab = 0$ は必要条件。

∴ ① ……………(答)(コ)

(4) ・$a^2 + b^2 = 1 \not\Rightarrow a + b = 0$

（反例 $a = 1$, $b = 0$）

・$a^2 + b^2 = 1 \not\Leftarrow a + b = 0$

（反例 $a = 1$, $b = -1$）

よって，$a^2 + b^2 = 1 \overset{\not\Rightarrow}{\not\Leftarrow} a + b = 0$ より，

$a^2 + b^2 = 1$ は，必要条件でも
十分条件でもない。

∴ ③ ……………(答)(サ)

[3] $C : y = f(x) = x^2 - 2ax + 2a^2 - a - 6$
……① とおく。

(1) $a = 1$ のとき，①は

$$y = f(x) = x^2 - 2x - 5$$
$$= (x^2 - 2x + 1) - 6$$
$$= (x - 1)^2 - 6$$

$-1 \leqq x \leqq 2$
において，右
のグラフより，
2 次関数
$y = f(x)$ は

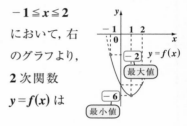

最小値 $f(1) = -6$

最大値 $f(-1) = (-2)^2 - 6 = -2$

をとる。……(答)(シス, セソ)

(2) ①を変形して，

$$y = f(x) = (x^2 - 2ax + a^2) + a^2 - a - 6$$
$$= (x - a)^2 + a^2 - a - 6$$

∴ C の頂点の座標は，

$(a, a^2 - a - 6)$ で
ある。よって，
$y = f(x)$ が x 軸
と異なる 2 点で
交わる条件は，

$a^2 - a - 6 < 0$, $(a + 2)(a - 3) < 0$

∴ $-2 < a < 3$ …(答)(タチ, ツ)

この **2 交点**の **x 座標**を α, β
とおく。

$1 < \alpha < \beta$
となるた
めの条件
は右図より、

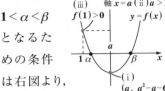

(ⅰ) $a^2 - a - 6 < 0$

$\quad \therefore -2 < a < 3$ ……②

これで、**2 交点をもつ**。

(ⅱ) 軸 $x = a$ より、

$\quad 1 < a$ ……③

これで、
$\beta > 1$ となる。

(ⅲ) $f(1) = 1 - 2a + 2a^2 - a - 6 > 0$

$\quad 2a^2 - 3a - 5 > 0$

これで、
$\alpha > 1$ も
確定する。

$\quad (2a - 5)(a + 1) > 0$

$\quad \therefore a < -1, \ \dfrac{5}{2} < a$ ……④

以上②、③、④より、求める

a の範囲は、

$\quad \dfrac{5}{2} < a < 3$ …………(答)

$\quad$ (テ, ト, ナ)

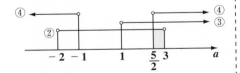

[4] 正の有理数 a, b と無理数 $\sqrt{3}$ が、

$\quad (a^2 - b^2 + 5)\sqrt{3} + 2a - b - 1 = 0$ …②

をみたすとき、

$a^2 - b^2 + 5 \neq 0$ と仮定すると、

$\quad \therefore$ ① …………………………(答)(二)

②は次のように変形できて、

$\quad (a^2 - b^2 + 5)\sqrt{3} = -2a + b + 1$

$\quad \sqrt{3} = \dfrac{-2a + b + 1}{a^2 - b^2 + 5}$

$\quad\quad = \dfrac{(有理数)}{(有理数)} = (有理数)$

となって、$\sqrt{3}$ が無理数であるこ

とに矛盾する。$\therefore$ ⑥ ……(答)(ヌ)

$\therefore$ 背理法により、

$a^2 - b^2 + 5 = 0$ ……③ である。

$\quad \therefore$ ⓪ …………………………(答)(ネ)

③を②に代入すると、

$0 \cdot \sqrt{3} + 2a - b - 1 = 0$ より、

$2a - b - 1 = 0$ ……④ となる。

$\quad \therefore$ ⓪ …………………………(答)(ノ)

以上より、

$\begin{cases} a^2 - b^2 + 5 = 0 & ……③ \\ 2a - b - 1 = 0 & ……④ \end{cases}$

a, b の値を求めると、

④より、$b = 2a - 1$ ……④´

④´を③に代入して、

$a^2 - (2a - 1)^2 + 5 = 0$

$a^2 - (4a^2 - 4a + 1) + 5 = 0$

$-3a^2 + 4a + 4 = 0$

$3a^2 - 4a - 4 = 0$

$$\begin{array}{cc} 1 & \diagdown \diagup & -2 \\ 3 & \diagup \diagdown & 2 \end{array}$$

$(a - 2)(3a + 2) = 0$

$\therefore a = 2$，または $-\dfrac{2}{3}$

ここで，a は正の有理数より，

$a = -\dfrac{2}{3}$ は不適。

$\therefore a = 2$ ……………………(答)(ハ)

これを $b = 2a - 1$ ……④' に代入して，

$\therefore b = 4 - 1 = 3$ …………(答)(ヒ)

第 2 問（必答問題）（配点 25）

[1] 1 辺の長さ 4 の立方体 ABCD-EFGH の
辺 AB 上に点 P を，辺 BF 上に点 Q をとり，
BP $= t$，BQ $= 4 - t$ $(0 \leqq t \leqq 4)$ とする。このとき，

(1) PQ^2 $= \boxed{ア}t^2 - \boxed{イ}t + \boxed{ウエ}$ より，
$t = \boxed{オ}$ のとき，PQ^2，すなわち
PQ は最小になる。

(2) $t = \boxed{オ}$ のとき，$\angle$CPQ $= \theta$ とおくと，$\sin \theta = \dfrac{\boxed{カ}\sqrt{\boxed{キク}}}{\boxed{ケコ}}$
である。また，$\triangle$CPQ の面積は $\boxed{サ}$ である。

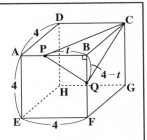

> **ヒント！** 立方体の断面 $\triangle$CPQ の問題だ。解きやすいので，サクッと解こう！

解答 & 解説

(1) 直角三角形 BPQ において，

$\begin{cases} BP = t \\ BQ = 4 - t \end{cases}$ より，

三平方の定理を用いると，
$$PQ^2 = BP^2 + BQ^2 = t^2 + (4-t)^2$$
$$= 2t^2 - 8t + 16 \quad \cdots\cdots (答)$$
（ア, イ, ウエ）

これをさらに変形すると，
$$PQ^2 = 2(t^2 - 4t + 4) + 8$$
$$= 2(t - 2)^2 + 8 \quad (0 \leqq t \leqq 4)$$

$t = 2$ のとき，PQ^2 すなわち PQ
は最小になる。 $\cdots\cdots$（答）(オ)

(2) $t = 2$ のとき，PQ $= \sqrt{8} = 2\sqrt{2}$

BP $=$ BQ $= 2$
より，$\triangle$ BCP
と $\triangle$ BCQ に
三平方の定理

を用いて，$\underline{CP = CQ = 2\sqrt{5}}$

> $CQ^2 = 2^2 + 4^2 = 20$, CP も同様

よって，$\triangle$CPQ
は PC $=$ QC の二
等辺三角形より，
PQ の中点を M と
おく。直角三角形

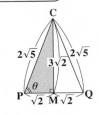

CPM に三平方の定理を用いると，
$$CM = \sqrt{CP^2 - PM^2}$$
$$= \sqrt{(2\sqrt{5})^2 - (\sqrt{2})^2} = \sqrt{20 - 2}$$
$$= \sqrt{18} = 3\sqrt{2}$$

よって，$\angle$CPQ $= \theta$ の正弦 $\sin \theta$ は，
$$\sin \theta = \frac{CM}{PC} = \frac{3\sqrt{2}}{2\sqrt{5}} = \frac{3\sqrt{10}}{10} \quad \cdots\cdots (答)$$
（カ, キク, ケコ）

$\triangle$CPQ の面積を S とおくと，
$$S = \frac{1}{2} \cdot PQ \cdot CM = \frac{1}{2} \cdot 2\sqrt{2} \cdot 3\sqrt{2}$$
$$= 6 \quad \cdots\cdots (答)(サ)$$

[2] 30 人のクラスにおいて 2 回試験を行ったところ 2 回とも全員が受験し，得点の平均値と分散について，以下の表のような結果を得た。2 回全体の得点の分散は 44 であり，1 回目と 2 回目の得点の共分散は 20 であった。

(1) 1 回目と 2 回目の得点の平均値を m_X, m_Y，分散を $S_X{}^2$, $S_Y{}^2$ とおくと，表より，$m_X = 62$, $m_Y = 60$, $S_X{}^2 = \boxed{シス}$ である。

	平均値	分散
1 回目	62	36
2 回目	60	$S_Y{}^2$
全体	m_T	44

$S_Y{}^2$ を次の手順に従って求めよ。

1 回目の得点データを x_1, x_2, $\cdots$, x_{30}

2 回目の得点データを y_1, y_2, $\cdots$, y_{30} とおき，

$\alpha = x_1{}^2 + x_2{}^2 + \cdots + x_{30}{}^2$, $\beta = y_1{}^2 + y_2{}^2 + \cdots + y_{30}{}^2$ とおくと，

$S_X{}^2 = \dfrac{1}{\boxed{セソ}} \alpha - \boxed{タチ}^2 = \boxed{シス}$ より，

$\alpha = \boxed{セソ} (\boxed{シス} + \boxed{タチ}^2)$ ……① である。同様に，

$S_Y{}^2 = \dfrac{1}{\boxed{セソ}} \beta - \boxed{ツテ}^2$ より，

$\beta = \boxed{セソ} (S_Y{}^2 + \boxed{ツテ}^2)$ ……② である。

次に，2 回の試験全体の得点の平均値を m_T，分散を $S_T{}^2$ とおくと，

$m_T = \boxed{トナ}$ ……③ であり，$S_T{}^2 = 44$ である。

よって，$S_T{}^2 = \dfrac{1}{\boxed{ニヌ}} (\alpha + \beta) - \boxed{トナ}^2 = 44$ ……④ (③より) である。

④に①，②を代入して，$S_Y{}^2$ を求めると，$S_Y{}^2 = \boxed{ネノ}$ である。

(2) 1 回目と 2 回目の得点の共分散を S_{XY} とおくと，$S_{XY} = 20$ より，この相関係数を r_{XY} とおけば，

$r_{XY} = \dfrac{\sqrt{\boxed{ハ}}}{\boxed{ヒ}}$ である。

ヒント！ 30 人のクラスに実施した 2 回の試験の得点に関する問題で，それぞれの平均値と分散と共分散から，相関係数を求めるんだね。与えられた表がシンプルだけれど，計算力が必要な問題だ。導入に従って解いていこう。

解答＆解説

(1) 表より，第 1 回目と第 2 回目の得点の平均値を m_X, m_Y，分散を $S_X{}^2$, $S_Y{}^2$ とおくと，

$m_X = 62$, $m_Y = 60$, $S_X{}^2 = 36$ …(答)(シス)

となる。$S_Y{}^2$ は，次のように求める。

1 回目と 2 回目の得点データを

$\begin{cases} x_1, \ x_2, \ \cdots, \ x_{30} \\ y_1, \ y_2, \ \cdots, \ y_{30} \ \text{とおき，} \end{cases}$

$\begin{cases} \alpha = x_1{}^2 + x_2{}^2 + \cdots + x_{30}{}^2, \\ \beta = y_1{}^2 + y_2{}^2 + \cdots + y_{30}{}^2 \ \text{とおくと，} \end{cases}$

$\cdot \ S_X{}^2 = \dfrac{1}{30}(x_1{}^2 + x_2{}^2 + \cdots + x_{30}{}^2) - m_X{}^2$

$= \dfrac{1}{30}\alpha - 62^2 = 36$ ……(答)

(セソ，タチ)

よって，$\underline{\alpha = 30(36 + 62^2)}$ …①

$\cdot \ S_Y{}^2 = \dfrac{1}{30}(y_1{}^2 + y_2{}^2 + \cdots + y_{30}{}^2) - m_Y{}^2$

$= \dfrac{1}{30}\beta - 60^2$ ……(答)(ツテ)

よって，$\underline{\beta = 30(S_Y{}^2 + 60^2)}$ …②

次に，2 回の試験全体の得点の平均値を m_T，分散を $S_T{}^2$ とおくと，

$m_T = \dfrac{1}{2}(62 + 60) = 61$ …③…(答)

(トナ)

> m_X と m_Y の平均になる

$S_T{}^2 = \dfrac{1}{60}(\underbrace{x_1{}^2 + x_2{}^2 + \cdots + x_{30}{}^2}_{\alpha} +$

$\underbrace{y_1{}^2 + y_2{}^2 + \cdots + y_{30}{}^2}_{\beta}) - \underbrace{m_T{}^2}_{61^2(\text{③より})}$

$\therefore \ S_T{}^2 = \dfrac{1}{60}(\alpha + \beta) - 61^2 = \underline{44}$ …④

> 表より

……(答)(ニヌ)

①，②を④に代入すると，

$S_T{}^2 = \dfrac{1}{60}\{30(36 + 62^2) + 30(S_Y{}^2 + 60^2)\}$

$- 61^2 = 44$ より，

$\dfrac{1}{2}(36 + 62^2 + S_Y{}^2 + 60^2) - 61^2 = 44$

$36 + 62^2 + S_Y{}^2 + 60^2 - 2 \cdot 61^2 = 88$

$\therefore \ S_Y{}^2 = 52 + 2 \cdot 61^2 - 60^2 - 62^2$

$= 52 + \underbrace{(61^2 - 60^2)}_{\substack{(61+60)\cdot(61-60) \\ = 121}} - \underbrace{(62^2 - 61^2)}_{\substack{(62+61)\cdot(62-61) \\ = 123}}$

$= 52 + 121 - 123$

$= 50$ …………(答)(ネノ)

(2) 1 回目と 2 回目の得点の共分散を S_{XY} とおくと，$S_{XY} = 20$

また，$S_X = \sqrt{S_X{}^2} = \sqrt{36} = 6$

$S_Y = \sqrt{S_Y{}^2} = \sqrt{50} = 5\sqrt{2}$ より，

1 回目と 2 回目の得点の相関係数 r_{XY} は，

$r_{XY} = \dfrac{S_{XY}}{S_X \cdot S_Y} = \dfrac{20}{6 \cdot 5\sqrt{2}} = \dfrac{2}{3\sqrt{2}}$

$= \dfrac{\sqrt{2}}{3}$ …………(答)(ハ，ヒ)

第3問（選択問題）（配点 20）

1から4までの番号がつけられた赤玉4個が袋Aに入っている。同様に，1から4までの番号がつけられた青玉4個が袋Bに入っている。袋A，Bのそれぞれから2個ずつ玉を取り出す。

(1) 袋Aから取り出した2個の赤玉の番号が1と2であり，かつ袋Bから取り出した2個の青玉の番号も1と2である確率は $\dfrac{\boxed{ア}}{\boxed{イウ}}$ である。

(2) 袋Aから取り出した2個の赤玉の番号と袋Bから取り出した2個の青玉の番号のうち，共通の番号が少なくとも一つある確率は $\dfrac{\boxed{エ}}{\boxed{オ}}$ である。

(3) 袋Aから取り出した2個の赤玉の番号の和を a，袋Bから取り出した2個の青玉の番号の和を b とする。

（ⅰ）$a = b = 5$ である確率は $\dfrac{\boxed{カ}}{\boxed{キ}}$ であり，$a = b$ である確率は $\dfrac{\boxed{ク}}{\boxed{ケ}}$ である。

（ⅱ）$a = b$ であるという条件の下で，$a = b = 5$ となる条件付き確率は $\dfrac{\boxed{コ}}{\boxed{サ}}$ である。

ヒント！ 根元事象の場合の数が $({}_4C_2)^2 = 6^2 = 36$ 通りなので，各事象の場合の数を数え上げながら確率計算していくといいんだね。頑張ろう！

解答＆解説

・1，2，3，4 の番号の付いた4個の赤玉の入った袋Aから2個を取り出す場合の数は，

$${}_4C_2 = \frac{4!}{2!2!} = \frac{4 \cdot 3}{2 \cdot 1} = 6 \text{ 通り}$$

・同様の番号の付いた4個の青玉の入った袋Bから2個を取り出す場合の数も，${}_4C_2 = 6$ 通りである。よって，この問題のすべての根元事象の場合の数 $n(U)$ は，

$n(U) = 6^2 = 36$ 通りである。

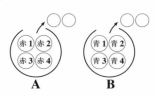

A　**B**

(1) 袋Aから取り出す赤玉の番号が1，2となり，袋Bから取り出す青玉の番号も1，2となる場合の数は，

$${}_2C_2 \times {}_2C_2 = 1 \times 1 = 1 \text{ 通り}$$

よって，このときの確率は，

$$\frac{1}{n(U)} = \frac{1}{36} \text{ である。} \cdots (答)(ア,イウ)$$

(2) 事象 X：**A** から取り出した **2** 個の赤玉の番号と **B** から取り出した **2** 個の青玉の番号の内，少なくとも共通番号が **1** つある。

とおくと，この余事象 $\overline{X}$，すなわち **A** と **B** から取り出したそれぞれの玉に共通

A	B
(1, 2)	(3, 4)
(1, 3)	(2, 4)
(1, 4)	(2, 3)
(2, 3)	(1, 4)
(2, 4)	(1, 3)
(3, 4)	(1, 2)

の番号が **1** つもない場合の数は上の表より，**6** 通りである。

よって，求める確率 $P(X)$ は

$$P(X) = 1 - P(\overline{X}) = 1 - \frac{6}{36}$$

$$= 1 - \frac{1}{6} = \frac{5}{6} \cdots\cdots\cdots (答)$$
$$(エ, オ)$$

(3) A，B から取り出した **2** 個の玉の番号の総和をそれぞれ a，b とおく。

（ⅰ）事象 Y：$a = b = 5$ となる。

とおくと，この場合の数 $n(Y)$ は，右の表より，

A	B
(1, 4)	(1, 4)
(1, 4)	(2, 3)
(2, 3)	(1, 4)
(2, 3)	(2, 3)

$$n(Y) = 4$$

よって，求める確率 $P(Y)$ は

$$P(Y) = \frac{n(Y)}{36} = \frac{4}{36} = \frac{1}{9}$$
$$\cdots\cdots\cdots (答)(カ, キ)$$

・$a = b = 3$ となるのは，共に $(1, 2)$ となる $1 \times 1 = 1$ 通り

・$a = b = 4$ となるのは，共に $(1, 3)$ となる $1 \times 1 = 1$ 通り

・$a = b = 6$ となるのは，共に $(2, 4)$ となる $1 \times 1 = 1$ 通り

・$a = b = 7$ となるのは，共に $(3, 4)$ となる $1 \times 1 = 1$ 通り

以上より，$a = b$ となる事象を Z とおいて，確率 $P(Z)$ を求めると，

$$P(Z) = \frac{1 + 1 + 4 + 1 + 1}{36}$$

$a = b = 3, 4, 5, 6, 7$ となる場合の数

$$= \frac{8}{36} = \frac{2}{9} \cdots (答)(ク, ケ)$$

（ⅱ）よって，

$a = b$ の条件の下で　$a = b = 5$
事象 Z　　　　　　　　　事象 Y

となる条件付き確率 $P_Z(Y)$ は

$$P_Z(Y) = \frac{P(Z \cap Y)}{P(Z)} = \frac{P(Y)}{P(Z)}$$

$$= \frac{\dfrac{1}{9}}{\dfrac{2}{9}} = \frac{1}{2} \cdots (答)(コ, サ)$$

第4問（選択問題）（配点 20）

> n を自然数とするとき，5^n を 7 で割った余りを $a(n)$ とする。
>
> **(1)** このとき，
>
> $a(1) = \boxed{\text{ア}}$, $a(2) = \boxed{\text{イ}}$, $a(3) = \boxed{\text{ウ}}$, $a(4) = \boxed{\text{エ}}$,
>
> $a(5) = \boxed{\text{オ}}$, $a(6) = \boxed{\text{カ}}$, $a(7) = \boxed{\text{キ}}$, $a(8) = \boxed{\text{ク}}$ である。
>
> **(2)** $a(1) + a(2) + \cdots + a(n) = b(n)$ ……① $(n = 1, 2, 3, \cdots)$
>
> とおく。このとき，
>
> $b(100)$ を 3 で割った余りは $\boxed{\text{ケ}}$ である。
>
> $b(100)$ を 7 で割った余りは $\boxed{\text{コ}}$ である。

ヒント！ 2つの整数 a, b を，ある正の整数 m で割ったときの余りが等しいとき，合同式：$a \equiv b \pmod{m}$ と表せるんだね。そして，このとき正の整数 n に対して，$a^n \equiv b^n \pmod{m}$ も成り立つ。さらに，$c \equiv d \pmod{m}$ ならば，$a \times c \equiv b \times d \pmod{m}$ も成り立つんだね。これらの公式を利用して解いていこう。

解答＆解説

5^n を 7 で割った余りを

$a(n)$ $(n = 1, 2, 3, \cdots)$ で表す。

(1) このとき，

・$5^1 = 5$ を 7 で割った余りは

5 より，

$\therefore a(1) = 5$ …………(答)(ア)

・$5^2 = 25$ を 7 で割った余りは

4 より，

$\therefore a(2) = 4$ …………(答)(イ)

・$5^3 \equiv \underset{\underset{4}{\text{Ⅲ}}}{5^2} \times 5 \equiv 4 \times 5$

$\equiv 20 \equiv 6 \pmod 7$

$\therefore a(3) = 6$ …………(答)(ウ)

・$5^4 \equiv \underset{\underset{6}{\text{Ⅲ}}}{5^3} \times 5 \equiv 6 \times 5$

$\equiv 30 \equiv 2 \pmod 7$

$\therefore a(4) = 2$ …………(答)(エ)

・$5^5 \equiv \underset{\underset{2}{\text{Ⅲ}}}{5^4} \times 5 \equiv 2 \times 5$

$\equiv 10 \equiv 3 \pmod 7$

$\therefore a(5) = 3$ …………(答)(オ)

・$5^6 \equiv \underset{\underset{3}{\text{Ⅲ}}}{5^5} \times 5 \equiv 3 \times 5$

$\equiv 15 \equiv 1 \pmod 7$

$\therefore a(6) = 1$ …………(答)(カ)

$\cdot 5^7 \equiv \underline{5^6} \times 5 \equiv 5 \pmod 7$

（①）

$a(1)$ と等しい

$\therefore a(7) = 5$ ……………(答)(キ)

$\cdot 5^8 \equiv \underline{5^7} \times 5 \equiv 25 \equiv 4 \pmod 7$

（⑤）

$a(2)$ と同じ

$\therefore a(8) = 4$ ……………(答)(ク)

(2) (1)の結果より，

$a(1) = 5, \quad a(2) = 4, \quad a(3) = 6,$

$a(4) = 2, \quad a(5) = 3, \quad a(6) = 1$

以下同様に，6 個ずつ同じ数値

をくり返し取ることになって，

$a(7) = 5, \quad a(8) = 4, \quad a(9) = 6,$

$a(10) = 2, \quad a(11) = 3, \quad a(12) = 1,$

$a(13) = 5, \quad$ ……………………

となる。

ここで $a(1)$ から $a(6)$ までの和

を S とおくと，

$S = a(1) + a(2) + \cdots + a(6)$

$\quad = 5 + 4 + 6 + 2 + 3 + 1$

$\quad = 21$ ……⓪ となる。

$n = 1, 2, 3, \cdots$ のとき，

$b(n) = a(1) + a(2) + \cdots + a(n)$

………①

とおく。

$\cdot n = 100$ のとき，①より，

$b(100) = a(1) + a(2) + \cdots + a(100)$

である。ここで⓪を利用すると，

$b(100) = \underline{a(1) + a(2) + \cdots + a(6)}$

$S = 21$

$+ \underline{a(7) + a(8) + \cdots + a(12)}$

これは，$a(1) + a(2) + \cdots + a(6)$
と同じ $S = 21$

16回, 同じ S の和を取ることになる。

$+ \underline{a(13) + a(14) + \cdots + a(18)}$

$S = 21$

$+ \underline{a(91) + a(92) + \cdots + a(96)}$

$S = 21$

$+ \underline{a(97)} + \underline{a(98)} + \underline{a(99)} + \underline{a(100)}$

$a(1)=5 \quad a(2)=4 \quad a(3)=6 \quad a(4)=2$

$= 16 \times \underline{21} + 5 + 4 + 6 + 2$

S

$= 16 \times 21 + 17$ ……②

よって，②より，

(ⅰ) $b(100)$ を 3 で割ると，

$b(100) = 3 \times 7 \times 16 + 3 \times 5 + 2$

$= 3(7 \times 16 + 5) + \underline{2}$ より，

余りは 2 である。…(答)(ケ)

(ⅱ) $b(100)$ を 7 で割ると，

$b(100) = 7 \times 3 \times 16 + 7 \times 2 + 3$

$= 7(3 \times 16 + 2) + \underline{3}$ より，

余りは 3 である。…(答)(コ)

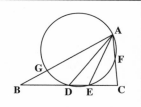

三角形 **ABC** の辺 **BC** の中点を **D**，∠**A** の二等分線と辺 **BC** の交点を **E** とする。**CA** ＜ **AB** で，三角形 **ADE** の外接円と辺 **CA**，**AB** とはそれぞれ **A** と異なる交点 **F**，**G** をもつとする。このとき，**BG** ＝ **CF** であることを証明する。

文章中の $\boxed{ア}$ ～ $\boxed{ク}$ に当てはまるものを，下の⓪～⑨のうちから一つずつ選べ。ただし，同じものを繰り返し選んでもよい。

⓪ ab　①bc　②ac　③a^2　④$b+c$　⑤$2(a+b)$　⑥$2(b+c)$

⑦ **AEF**　⑧ **FEC**　⑨ **GDB**

[証明] **BC** ＝ a，**CA** ＝ b，**AB** ＝ c とする。**AE** が∠**A** の二等分線であるから，

$$\mathbf{BE} = \frac{\boxed{ア}}{\boxed{イ}},\quad \mathbf{EC} = \frac{\boxed{ウ}}{\boxed{エ}}$$

である。また，四角形 **AGDE** は円に内接するから∠**EAB** ＝ ∠$\boxed{オ}$ となり，∠**B** が共通だから△**EAB** と△$\boxed{オ}$ は相似である。

したがって，$\mathbf{BG} = \dfrac{\boxed{カ}}{\boxed{キ}}$ である。同様に，四角形 **AFED** も円に内接するから∠**DAC** ＝ ∠$\boxed{ク}$ であり，△**DAC** と△$\boxed{ク}$ も相似である。

よって $\mathbf{CF} = \dfrac{\boxed{カ}}{\boxed{キ}}$ が成り立ち，**BG** ＝ **CF** が示された。

ヒント！　円と三角形の問題だね。頂角の二等分線の定理や相似な三角形の辺の比をうまく利用することがポイントだ。導入に従って，テンポよく解いていこう！

解答＆解説

問題文の図において，**BG** ＝ **CF** が成り立つことを示す。

AE は∠**A** の二等分線なので，

BE ： **EC** ＝ **AB** ： **AC** ＝ c ： b

よって，

$$\cdot \mathbf{BE} = \frac{c}{b+c}\mathbf{BC}$$

$$= \frac{ac}{b+c} \ \cdots\cdots ①$$

$\therefore$ ②，④

……（答）（ア，イ）

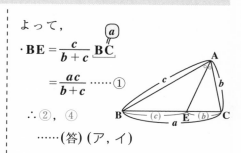

$\cdot \mathbf{EC} = \dfrac{b}{b+c} \underbrace{\mathbf{BC}}_{\boxed{a}} = \dfrac{ab}{b+c}$ ……②

$\therefore$ ⓪, ④ …………(答)(ウ，エ)

・次に，△EABと△GDBについて考える。

□AGDE は，
円に内接
する四角
形より，

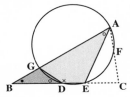

$\angle \mathbf{EAB} + \angle \mathbf{EDG} = 180°$

$[\quad \circ \quad + \quad \times \quad]$

$\angle \mathbf{GDB} + \angle \mathbf{EDG} = 180°$

$[\quad \circ \quad + \quad \times \quad]$

よって，∠EAB = ∠GDB

$\therefore$ ⑨ …………………(答)(オ)

そして，∠B は共通なので，

△EAB ∽ △GDB である。

よって，相似な三角形の辺の比の
関係より，

$\underbrace{\mathbf{AB}}_{\boxed{c}} : \underbrace{\mathbf{BE}}_{\substack{\frac{ac}{b+c} \\ (①より)}} = \underbrace{\mathbf{DB}}_{\substack{\frac{1}{2}\mathbf{BC}=\frac{1}{2}a \\ (\mathbf{D は BC の中点})}} : \mathbf{BG}$

$c : \dfrac{ac}{b+c} = \dfrac{1}{2}a : \mathbf{BG}$

$\cancel{c} \cdot \mathbf{BG} = \dfrac{a^2 \cancel{c}}{2(b+c)}$

$\therefore \mathbf{BG} = \dfrac{a^2}{2(b+c)}$ ……③ となる。

$\therefore$ ③, ⑥ …………(答)(カ，キ)

・同様に，△DAC と △FEC について考えると，

$\angle \mathbf{DAC} = \angle \mathbf{FEC}$

$\therefore$ ⑧ ……(答)(ク)

であり，そして

∠C は共通

なので，

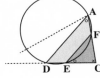

△DAC ∽ △FEC である。

よって，

$\underbrace{\mathbf{AC}}_{\boxed{b}} : \underbrace{\mathbf{CD}}_{\frac{1}{2}a} = \underbrace{\mathbf{EC}}_{\substack{\frac{ab}{b+c} \\ (②より)}} : \mathbf{CF}$

$b : \dfrac{1}{2}a = \dfrac{ab}{b+c} : \mathbf{CF}$

$b \cdot \mathbf{CF} = \dfrac{a^2 b}{2(b+c)}$

$\therefore \mathbf{CF} = \dfrac{a^2}{2(b+c)}$ ……④ となる。

以上③, ④より，

$\mathbf{BG} = \mathbf{CF}$ が示された。

第1問（必答問題）（配点　30）

[1] c を正の整数とする。x の 2 次方程式

$$2x^2 + (4c-3)x + 2c^2 - c - 11 = 0 \quad \cdots\cdots ①$$ について考える。

(1) $c = 1$ のとき，①の左辺を因数分解すると

$\left(\boxed{ア}x + \boxed{イ}\right)\left(x - \boxed{ウ}\right)$ であるから，①の解は

$x = -\dfrac{\boxed{イ}}{\boxed{ア}}, \ \boxed{ウ}$ である。

(2) $c = 2$ のとき，①の解は

$x = \dfrac{-\boxed{エ} \pm \sqrt{\boxed{オカ}}}{\boxed{キ}}$ であり，大きい方の解を α とすると

$\dfrac{5}{\alpha} = \dfrac{\boxed{ク} + \sqrt{\boxed{ケコ}}}{\boxed{サ}}$

である。また，$m < \dfrac{5}{\alpha} < m+1$ を満たす整数 m は $\boxed{シ}$ である。

(3) 太郎さんと花子さんは，①の解について考察している。

> 太郎：①の解は c の値によって，ともに有理数である場合もあれ
> ば，ともに無理数である場合もあるね。c がどのような値
> のときに，解は有理数になるのかな。
> 花子：2 次方程式の解の公式の根号の中に着目すればいいんじゃ
> ないかな。

①の解が異なる二つの有理数であるような正の整数 c の個数は
$\boxed{ス}$ 個である。

[2] 右図のように △ABC の外側に辺 AB，BC，CA をそれぞれ 1 辺とする

正方形 ADEB，BFGC，CHIA をかき，

2 点 E と F，G と H，I と D をそれぞれ線

分で結んだ図形を考える。以下において

BC $= a$，CA $= b$，AB $= c$

∠CAB $= A$，∠ABC $= B$，∠BCA $= C$

とする。

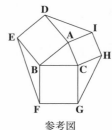

参考図

(1) $b = 6$, $c = 5$, $\cos A = \dfrac{3}{5}$ のとき, $\sin A = \dfrac{\boxed{セ}}{\boxed{ソ}}$ であり,

$\triangle$ABC の面積は $\boxed{タチ}$, $\triangle$AID の面積は $\boxed{ツテ}$ である。

(2) 正方形 **BFGC**, **CHIA**, **ADEB** の面積をそれぞれ S_1, S_2, S_3 とする。このとき, $S_1 - S_2 - S_3$ は

・$0° < A < 90°$ のとき, $\boxed{ト}$。

・$A = 90°$ のとき, $\boxed{ナ}$。

・$90° < A < 180°$ のとき, $\boxed{ニ}$。

$\boxed{ト} \sim \boxed{ニ}$ の解答群 (同じものを繰り返し選んでもよい。)

⓪ **0** である
① 正の値である
② 負の値である
③ 正の値も負の値もとる

(3) $\triangle$AID, $\triangle$BEF, $\triangle$CGH の面積をそれぞれ T_1, T_2, T_3 とする。このとき, $\boxed{ヌ}$ である。

$\boxed{ヌ}$ の解答群

⓪ $a < b < c$ ならば, $T_1 > T_2 > T_3$
① $a < b < c$ ならば, $T_1 < T_2 < T_3$
② A が鈍角ならば, $T_1 < T_2$ かつ $T_1 < T_3$
③ a, b, c の値に関係なく, $T_1 = T_2 = T_3$

(4) $\triangle$ABC, $\triangle$AID, $\triangle$BEF, $\triangle$CGH のうち, 外接円の半径が最も小さいものを求める。

$0° < A < 90°$ のとき, $\text{ID} \boxed{ネ} \text{BC}$ であり

($\triangle$AID の外接円の半径) $\boxed{ノ}$ ($\triangle$ABC の外接円の半径)

であるから, 外接円の半径が最も小さい三角形は

・$0° < A < B < C < 90°$ のとき, $\boxed{ハ}$ である。

・$0° < A < B < 90° < C$ のとき, $\boxed{ヒ}$ である。

$\boxed{ネ}$, $\boxed{ノ}$ の解答群 (同じものを繰り返し選んでもよい。)

⓪ $<$　　　① $=$　　　② $>$

$\boxed{ハ}$, $\boxed{ヒ}$ の解答群 (同じものを繰り返し選んでもよい。)

⓪ $\triangle$ABC　　① $\triangle$AID　　② $\triangle$BEF　　③ $\triangle$CGH

解答＆解説

[1] $2x^2+(4c-3)x+2c^2-c-11=0$ …①

（c：正の整数）について，

(1) $c=1$ のとき，①は，$2x^2+x-10=0$

$$\begin{array}{cc} 2 & 5 \\ 1 & -2 \end{array}$$

$(2x+5)(x-2)=0$

………(答)(ア，イ，ウ)

より，解 $x=-\dfrac{5}{2}$，2 である。

(2) $c=2$ のとき，①は，

$2x^2+5x-5=0$ より，

解 $x=\dfrac{-5\pm\sqrt{25+40}}{4}$

$=\dfrac{-5\pm\sqrt{65}}{4}$ である。

………(答)(エ，オカ，キ)

この解の大きい方を

$\alpha=\dfrac{-5+\sqrt{65}}{4}$ とおくと，

$\dfrac{5}{\alpha}=\dfrac{5}{\dfrac{-5+\sqrt{65}}{4}}$

$=\dfrac{20(\sqrt{65}+5)}{(\sqrt{65}-5)(\sqrt{65}+5)}$

$\boxed{65-25=40}$

$=\dfrac{5+\sqrt{65}}{2}$

………(答)(ク，ケコ，サ)

ここで，$\sqrt{65}\doteqdot 8$ より，

$\dfrac{5}{\alpha}\doteqdot\dfrac{5+8}{2}=6.5$

$\therefore m<\dfrac{5}{\alpha}<m+1$ をみたす

整数 m は $m=6$ ……(答)(シ)

(3) ①の解の判別式 D は，

$D=(4c-3)^2-4\cdot 2\cdot(2c^2-c-11)$

$=16c^2-24c+9-16c^2+8c+88$

$=-16c+97$ ……②

ここで，①の解

$x=\dfrac{-(4c-3)\pm\sqrt{D}}{4}$ が異なる

有理数となる条件は，D が正の平方数であることである。

よって，②より，

・$c=1$ のとき，$D=81\ (=9^2)$

・$c=2$ のとき，$D=65$

・$c=3$ のとき，$D=49\ (=7^2)$

・$c=4$ のとき，$D=33$

・$c=5$ のとき，$D=17$

・$c=6$ のとき，$D=1\ (=1^2)$

（$c\geqq 7$ のとき，$D<0$ となって，①は実数解をもたない。）

$\therefore$①が有理数解をもつ c の値の個数は 3 個である。…(答)(ス)

[2] 右図について，

(1) $b=6$，$c=5$，

$\cos A=\dfrac{3}{5}$ のとき，

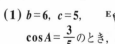

$\sin A=\sqrt{1-\cos^2 A}$

$=\sqrt{1-\dfrac{9}{25}}=\sqrt{\dfrac{16}{25}}$

$=\dfrac{4}{5}$…(答)(セ，ソ)

（$\because\sin A>0$）

このとき，△ABC の面積を S とおくと，

110

$$S = \frac{1}{2} \cdot b \cdot c \cdot \sin A$$
$$= \frac{1}{2} \times 6 \times 5 \times \frac{4}{5} = 12$$
$$\cdots\cdots\cdots (答)(タチ)$$

△AID の面積を
T_1 とおくと,
右図より,

$$T_1 = \frac{1}{2} \cdot b \cdot c \cdot \underbrace{\sin(180°-A)}_{\boxed{\sin A}}$$

$$\therefore T_1 = S = 12 \cdots\cdots\cdots (答)(ツテ)$$

(2) 正方形 **BFGC**, **CHIA**,
ADEB の面積を順に S_1, S_2,
S_3 とおくと, $S_1 = a^2$,
$S_2 = b^2$, $S_3 = c^2$ より,
$$S_1 - S_2 - S_3 = a^2 - b^2 - c^2$$
$$\cdots\cdots ③ \ となる。$$

ここで, △ABC に余弦定理を用いると,
$$a^2 = b^2 + c^2 - 2bc \cdot \cos A \ より,$$
$$\underbrace{a^2 - b^2 - c^2}_{\boxed{S_1 - S_2 - S_3 \,(③より)}} = -2bc \cdot \cos A$$

$$\boxed{\begin{array}{l} \oplus \ (0° < A < 90°) \\ 0 \ (A = 90°) \\ \ominus \ (90° < A < 180°) \end{array}}$$

よって, $S_1 - S_2 - S_3$ の値は,
・$0° < A < 90°$ のとき, 負である。
・$A = 90°$ のとき, 0 である。
・$90° < A < 180°$ のとき, 正である。
$$\therefore ② \cdots (答)(ト), \ ⓪ \cdots (答)(ナ)$$
$$① \cdots (答)(ニ)$$

(3) △AID, △BEF, △CGH の
面積を順に T_1, T_2, T_3 とおくと,
$$T_1 = S$$
$$T_2 = \frac{1}{2} \cdot c \cdot a \cdot \underbrace{\sin(180°-B)}_{\boxed{\sin B}} = S$$
$$T_3 = \frac{1}{2} \cdot a \cdot b \cdot \underbrace{\sin(180°-C)}_{\boxed{\sin C}} = S$$

$\therefore a$, b, c の値によらず, $T_1 = T_2 = T_3$ より, ③ ……(答)(ヌ)

(4) △**ABC**, △**AID**, △**BEF**,
△**CGH** の外接円の半径を順に
R, R_1, R_2, R_3 とおいて, 各三
角形に正弦定理を用いると,

・$\dfrac{a}{\sin A} = \dfrac{b}{\sin B} = \dfrac{c}{\sin C} = 2R$ より,
$$R = \frac{a}{2\sin A} = \frac{b}{2\sin B} = \frac{c}{2\sin C}$$

・$\dfrac{ID}{\sin(180°-A)} = 2R_1$ より, $R_1 = \dfrac{ID}{2\sin A}$

・$\dfrac{EF}{\sin(180°-B)} = 2R_2$ より, $R_2 = \dfrac{EF}{2\sin B}$

・$\dfrac{GH}{\sin(180°-C)} = 2R_3$ より, $R_3 = \dfrac{GH}{2\sin C}$

次に, △**ABC** と △**AID** に余弦
定理を用いると,
$$a^2 = b^2 + c^2 - 2bc \cos A$$
$$ID^2 = b^2 + c^2 - 2bc \cdot \cos(180°-A)$$
$$= b^2 + c^2 + 2bc \cdot \cos A \ より,$$

・$0° < A < 90°$ のとき, $\cos A > 0$ から,
$$ID^2 > a^2 \quad \therefore ID > BC \ より,$$
$$② \cdots\cdots\cdots\cdots\cdots\cdots (答)(ネ)$$
よって, $R_1 > R$ より, ② …(答)(ノ)

以上より, 同様に考えて,
・$0° < A < B < C < 90°$ のとき,
ID $> a$, **EF** $> b$, **GH** $> c$ より,
外接円の最小の半径は, △**ABC**
の外接円の半径 R である。
$$\therefore ⓪ \cdots\cdots\cdots\cdots\cdots\cdots (答)(ハ)$$

・$0° < A < B < 90° < C$ のとき,
ID $> a$, **EF** $> b$, **GH** $< c$ より,
外接円の最小の半径は, △**CGH**
の外接円の半径 R_3 である。
$$\therefore ③ \cdots\cdots\cdots\cdots\cdots\cdots (答)(ヒ)$$

第 2 問 （必答問題） （配点 30）

[1] 陸上競技の短距離 **100m** 走では，**100m** を走るのにかかる時間 (以下，タイムと 呼ぶ) は，**1** 歩あたりの進む距離 (以下， ストライドと呼ぶ) と **1** 秒あたりの歩数 (以下，ピッチと呼ぶ) に関係がある。ス トライドとピッチはそれぞれ以下の式で 与えられる。

$$\text{ストライド (m/歩)} = \frac{100(\text{m})}{100\text{mを走るのにかかった歩数 (歩)}}$$

$$\text{ピッチ (歩/秒)} = \frac{100\text{mを走るのにかかった歩数 (歩)}}{\text{タイム (秒)}}$$

ただし，**100m** を走るのにかかった歩数は，最後の **1** 歩がゴールライン をまたぐこともあるので，小数で表される。以下，単位は必要のない 限り省略する。

例えば，タイムが **10.81** で，そのときの歩数が **48.5** であったとき，ストライドは $\dfrac{100}{48.5}$ より約 **2.06**，ピッチは $\dfrac{48.5}{10.81}$ より約 **4.49** である。

なお，小数の形で解答する場合，**解答上の注意**にあるように，指定 された桁数の一つ下の桁を四捨五入して答えよ。また，必要に応じ て，指定された桁まで⓪にマークせよ。

(1) ストライドを x，ピッチを z とおく。ピッチは **1** 秒あたりの歩数， ストライドは **1** 歩あたりの進む距離なので，**1** 秒あたりの進む距 離すなわち平均速度は，x と z を用いて $\boxed{\text{ア}}$ **(m/秒)** と表される。 これより，タイムと，ストライド，ピッチとの関係は

タイム $= \dfrac{100}{\boxed{\text{ア}}}$ ……① と表されるので，$\boxed{\text{ア}}$ が最大になるときに

タイムが最もよくなる。ただし，タイムがよくなるとは，タイム の値が小さくなることである。

$\boxed{\text{ア}}$ の解答群

⓪ $x + z$	① $z - x$	② xz
③ $\dfrac{x+z}{2}$	④ $\dfrac{z-x}{2}$	⑤ $\dfrac{xz}{2}$

(2) 男子短距離 **100m** 走の選手である太郎さんは，①に着目して，タイムが最もよくなるストライドとピッチを考えることにした。

　次の表は，太郎さんが練習で **100m** を **3** 回走ったときのストライドとピッチのデータである。

	1回目	2回目	3回目
ストライド	2.05	2.10	2.15
ピッチ	4.70	4.60	4.50

　また，ストライドとピッチにはそれぞれ限界がある。太郎さんの場合，ストライドの最大値は **2.40**，ピッチの最大値は **4.80** である。

　太郎さんは，上の表から，ストライドが **0.05** 大きくなるとピッチが **0.1** 小さくなるという関係があると考えて，ピッチがストライドの **1** 次関数として表されると仮定した。このとき，ピッチ z はストライド x を用いて

$$z = \boxed{イウ}\,x + \frac{\boxed{エオ}}{5} \quad \cdots\cdots ② \quad と表される。$$

　②が太郎さんのストライドの最大値 **2.40** とピッチの最大値 **4.80** まで成り立つと仮定すると，x の値の範囲は次のようになる。

$$\boxed{カ}.\boxed{キク} \leqq x \leqq 2.40$$

　$y = \boxed{ア}$ とおく。②を $y = \boxed{ア}$ に代入することにより，y を x の関数として表すことができる。太郎さんのタイムが最もよくなるストライドとピッチを求めるためには，$\boxed{カ}.\boxed{キク} \leqq x \leqq 2.40$ の範囲で y の値を最大にする x の値を見つければよい。このとき，y の値が最大になるのは $x = \boxed{ケ}.\boxed{コサ}$ のときである。

　よって，太郎さんのタイムが最もよくなるのは，ストライドが $\boxed{ケ}.\boxed{コサ}$ のときであり，このとき，ピッチは $\boxed{シ}.\boxed{スセ}$ である。また，このときの太郎さんのタイムは，①により $\boxed{ソ}$ である。

$\boxed{ソ}$ については，最も適当なものを，次の⓪〜⑤のうちから一つ選べ。

⓪ **9.68**	① **9.97**	② **10.09**
③ **10.33**	④ **10.42**	⑤ **10.55**

解答＆解説

[1] (1)
$$\begin{cases} x(\text{ストライド}) = \dfrac{100(\text{m})}{\text{歩数}} \ (\text{m/歩}) \\ z(\text{ピッチ}) = \dfrac{\text{歩数}}{\text{タイム}(\text{秒})} \ (\text{歩/秒}) \end{cases}$$

100m走の平均速度を v(m/s) とおくと，

$$v(\text{m/s}) = \underline{x \cdot z\,(\text{m/秒})}\ となる。$$

> 一般に物理では，単位の異なるもの同士の和や差はあり得ない。$x \cdot z$ の単位に着目すると，$\dfrac{\text{m}}{\text{歩}} \times \dfrac{\text{歩}}{\text{秒}} = \text{m/秒}$ となって，v の単位になることに着目しよう。

$$\therefore ② \quad \cdots\cdots(答)(ア)$$

(2) x と z のデータより，

$(x, z) = (2.05, 4.70), (2.10, 4.60),$
$\qquad (2.15, 4.50)$ より，

x が 0.05 増える毎に z は 0.1 ずつ減少するので，z と x の関係式は，

$$z = -\frac{0.1}{0.05}(x - 2.1) + 4.6$$

（傾き）（点(2.1, 4.6)を通る）

$$= -2(x - 2.1) + 4.6$$
$$= -2x + 8.8$$
$$\therefore z = -2x + \frac{44}{5} \quad \cdots\cdots ②$$
$$\cdots\cdots(答)(イウ, エオ)$$

$x \le 2.4$, $z = \boxed{-2x + 8.8 \le 4.8}$ より，

$4 \le 2x \quad 2 \le x$

$$\therefore 2.00 \le x \le 2.40$$
$$\cdots\cdots(答)(カ, キク)$$

100m走のタイム T(秒) は，

$$T = \frac{100}{xz} \ (秒) より，$$

$$y = x \cdot z = x \cdot (-2x + 8.8)$$
$$= -2x^2 + \frac{44}{5}x \quad (2 \le x \le 2.4)$$

とおくと，y が最大のときに，T は最小となって，ベストタイムになる。

$$y = -2\left(x^2 - \frac{22}{5}x\right)$$
$$= -2\left(x - \frac{11}{5}\right)^2 + \frac{242}{25}$$

よって，y は，

$$x = \frac{11}{5} = 2.20 \cdots(答)(ケ, コサ),$$
$$z = -2 \times 2.2 + 8.8 = 4.40$$
$$\cdots\cdots(答)(シ, スセ)$$

のとき，最大値 $y = \dfrac{242}{25}$ をとる。

よって，ベストタイムは，

$$T = \frac{100}{\frac{242}{25}} = \frac{2500}{242} = 10.330\cdots$$
$$\therefore ③ \quad \cdots\cdots(答)(ソ)$$

[2] 就業者の従事する産業は，勤務する事業所の主な経済活動の種類によって，第1次産業 (農業，林業と漁業)，第2次産業 (鉱業，建設業と製造業)，第3次産業 (前記以外の産業) の三つに分類される。国の労働状況の調査 (国勢調査) では，47の都道府県別に第1次，第2次，第3次それぞれの産業ごとの就業者数が発表されている。ここでは都道府県別に，就業者数に対する各産業に就業する人数の割合を算出したものを，各産業の「就業者数割合」と呼ぶことにする。

(1) 図1は，1975年度から2010年度まで5年ごとの8個の年度 (それぞれを時点という) における都道府県別の三つの産業の就業者数割合を箱ひげ図で表したものである。各時点の箱ひげ図は，それぞれ上から順に第1次産業，第2次産業，第3次産業のものである。

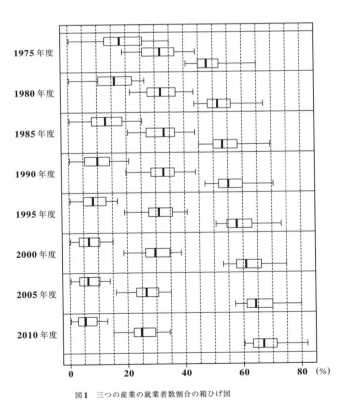

図1 三つの産業の就業者数割合の箱ひげ図

次の⓪〜⑤のうち，図1から読み取れることとして正しくない ものは 夕 と チ である。

夕，チ の解答群 (解答の順序は問わない。)

⓪ 第1次産業の就業者数割合の四分位範囲は，**2000**年度までは，後 の時点になるにしたがって減少している。

① 第1次産業の就業者数割合について，左側のひげの長さと右側のひ げの長さを比較すると，どの時点においても左側の方が長い。

② 第2次産業の就業者数割合の中央値は，**1990**年度以降，後の時点 になるにしたがって減少している。

③ 第2次産業の就業者数割合の第1四分位数は，後の時点になるに したがって減少している。

④ 第3次産業の就業者数割合の第3四分位数は，後の時点になるに したがって増加している。

⑤ 第3次産業の就業者数割合の最小値は，後の時点になるにした がって増加している。

ヒント！ 図1の箱ひげ図から，間違いの記述を選ぶだけだね。

解答&解説

⓪〜⑤のうち，正しくないものについて，
・第1次産業の箱ひげの左側の長さ が常に右側のものより長いわけで はない。

・第2次産業の第1四分位数は，後に なる程減少しているわけではない。
∴ 正しくないものは
①，③ ……………………(答)(夕，チ)

---

(2) (1)で取り上げた**8**時点の中から**5**時点を取り出して考える。各時 点における都道府県別の，第**1**次産業と第**3**次産業の就業者数割 合のヒストグラムを一つのグラフにまとめてかいたものが次ペー ジの五つのグラフである。それぞれの右側の網掛けしたヒスト グラムが第**3**次産業のものである。なお，ヒストグラムの各階級の 区間は，左側の数値を含み，右側の数値を含まない。

・**1985**年度におけるグラフは ツ である。

・**1995**年度におけるグラフは テ である。

ツ，テ については，最も適当なものを，次の⓪〜④のうちか ら一つずつ選べ。ただし，同じものを繰り返し選んでもよい。

116

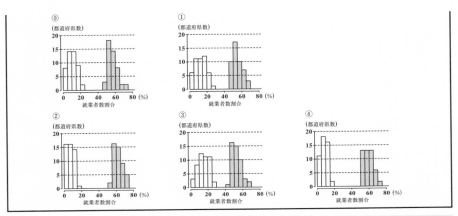

ヒント！ 箱ひげ図からヒストグラムを読み取るときは，その中央値と広がり具合に着目しよう。

解答＆解説

・'85 は，第 1 次の中央値が 13 で，幅は 0 ～ 25 でほぼ左右対称であり，第 3 次の中央値は 53 で，幅は 45 ～ 69 で左寄りである。

∴ ① ‥‥‥‥‥‥‥‥‥‥‥(答)(ツ)

・'95 の第 1 次の中央値が 8 で，幅は 0 ～ 17 でほぼ左右対称であり，第 3 次の中央値は 58 で，幅は 51 ～ 74 で左寄りである。

∴ ④ ‥‥‥‥‥‥‥‥‥‥‥(答)(テ)

(3) 三つの産業から二つずつを組み合わせて都道府県別の就業者数割合の散布図を作成した。図 2 の散布図群は，左から順に 1975 年度における第 1 次産業 (横軸) と第 2 次産業 (縦軸) の散布図，第 2 次産業 (横軸) と第 3 次産業 (縦軸) の散布図，および第 3 次産業 (横軸) と第 1 次産業 (縦軸) の散布図である。また，図 3 は同様に作成した 2015 年度の散布図群である。

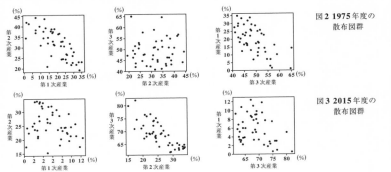

図 2 1975 年度の散布図群

図 3 2015 年度の散布図群

下の (Ⅰ), (Ⅱ), (Ⅲ)は，**1975**年度を基準としたときの，**2015**年度の変化を記述したものである。ただし，ここで「相関が強くなった」とは，相関係数の絶対値が大きくなったことを意味する。

(Ⅰ) 都道府県別の第**1**次産業の就業者数割合と第**2**次産業の就業者数割合の間の相関は強くなった。

(Ⅱ) 都道府県別の第**2**次産業の就業者数割合と第**3**次産業の就業者数割合の間の相関は強くなった。

(Ⅲ) 都道府県別の第**3**次産業の就業者数割合と第**1**次産業の就業者数割合の間の相関は強くなった。

(Ⅰ), (Ⅱ), (Ⅲ)の正誤の組合せとして正しいものは ト である。
ト の解答群

	⓪	①	②	③	④	⑤	⑥	⑦
(Ⅰ)	正	正	正	正	誤	誤	誤	誤
(Ⅱ)	正	正	誤	誤	正	正	誤	誤
(Ⅲ)	正	誤	正	誤	正	誤	正	誤

ヒント！ **2**次と**3**次の散布図の相関が，**'75**から**'15**で強くなっているのが分かるね。

解答＆解説

'75から'15の散布図で負の相関が強くなっているのは，第**2**次と第**3**次

のものだけである。
よって，(Ⅰ) 誤，(Ⅱ) 正，(Ⅲ) 誤より，
⑤ ‥‥‥‥‥‥‥‥‥‥‥‥‥‥‥(答)(ト)

(4) 各都道府県別の就業者数の内訳として男女別の就業者数も発表されている。そこで，就業者数に対する男性・女性の就業者数の割合をそれぞれ「男性の就業者数割合」「女性の就業者数割合」と呼ぶことにし，これらを都道府県別に算出した。図**4**は，**2015**年度における都道府県別の，第**1**次産業の就業者数割合(横軸)と，男性の就業者数割合(縦軸)の散布図である。

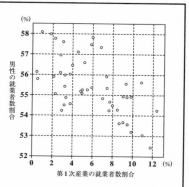

図**4** 都道府県別の，第**1**次産業の就業者数割合と，男性の就業者数割合の散布図

　各都道府県の，男性の就業者数と女性の就業者数を合計すると就業者数の全体となることに注意すると，**2015** 年度における都道府県別の，第 **1** 次産業の就業者数割合 (横軸) と，女性の就業者数割合 (縦軸) の散布図は ナ である。

　ナ については，最も適当なものを，下の ⓪ 〜 ③ のうちから一つ選べ。なお，設問の都合で各散布図の横軸と縦軸の目盛りは省略しているが，横軸は右方向，縦軸は上方向がそれぞれ正の方向である。

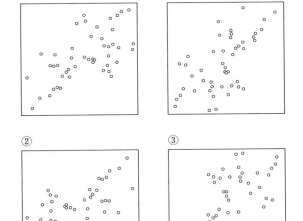

ヒント！ 男女をたして **100%** になるので男性の就業者数割合の散布図を上下逆にしたものが女性の散布図になるはずだね。

解答 & 解説

男性と女性の就業者数割合をたすと **100%** になるので，図 **4** の男性の就業者数割合の散布図に対して，女性

の就業者数割合の散布図の形状は，たて座標が **42 〜 48%** の範囲において，上下が逆になるはずである。

∴ ② ‥‥‥‥‥‥‥‥‥‥‥‥(答)(ナ)

第3問（選択問題）（配点 20）

中にくじが入っている箱が複数あり，各箱の外見は同じであるが，当りくじを引く確率は異なっている。くじ引きの結果から，どの箱からくじを引いた可能性が高いかを，条件付き確率を用いて考えよう。

(1) 当りくじを引く確率が $\dfrac{1}{2}$ である箱 **A** と，当りくじを引く確率が $\dfrac{1}{3}$ である箱 **B** の二つの箱の場合を考える。

（ i ）各箱で，くじを 1 本引いてはもとに戻す試行を 3 回繰り返したとき

箱 **A** において，3 回中ちょうど 1 回当たる確率は $\dfrac{\boxed{ア}}{\boxed{イ}}$ …①

箱 **B** において，3 回中ちょうど 1 回当たる確率は $\dfrac{\boxed{ウ}}{\boxed{エ}}$ …② である。

（ ii ）まず，**A** と **B** のどちらか一方の箱をでたらめに選ぶ。次にその選んだ箱において，くじを 1 本引いてはもとに戻す試行を 3 回繰り返したところ，3 回中ちょうど 1 回当たった。このとき，箱 **A** が選ばれる事象を A，箱 **B** が選ばれる事象を B，3 回中ちょうど 1 回当たる事象を W とすると

$$P(A \cap W) = \frac{1}{2} \times \frac{\boxed{ア}}{\boxed{イ}}, \quad P(B \cap W) = \frac{1}{2} \times \frac{\boxed{ウ}}{\boxed{エ}}$$

である。$P(W) = P(A \cap W) + P(B \cap W)$ であるから，3 回中ちょうど 1 回当たったとき，選んだ箱が **A** である条件付き確率 $P_W(A)$ は $\dfrac{\boxed{オカ}}{\boxed{キク}}$ となる。また，条件付き確率 $P_W(B)$ は $\dfrac{\boxed{ケコ}}{\boxed{サシ}}$ となる。

(2) (1) の $P_W(A)$ と $P_W(B)$ について，次の**事実 (*)** が成り立つ。

> **事実 (*)**
>
> $P_W(A)$ と $P_W(B)$ の $\boxed{ス}$ は，①の確率と②の確率の $\boxed{ス}$ に等しい。

$\boxed{ス}$ の解答群

⓪ 和	① 2乗の和	② 3乗の和	③ 比	④ 積

(3) 花子さんと太郎さんは**事実 (*)** について話している。

> 花子：**事実 (*)** はなぜ成り立つのかな？
>
> 太郎：$P_W(A)$ と $P_W(B)$ を求めるのに必要な $P(A \cap W)$ と $P(B \cap W)$ の計算で，①，②の確率に同じ数 $\dfrac{1}{2}$ をかけているからだよ。
>
> 花子：なるほどね。外見が同じ三つの箱の場合は，同じ数 $\dfrac{1}{3}$ をかけることになるので同様のことが成り立ちそうだね。

当りくじを引く確率が，$\dfrac{1}{2}$ である箱 **A**，$\dfrac{1}{3}$ である箱 **B**，$\dfrac{1}{4}$ である箱 **C** の三つの箱の場合を考える。まず，**A，B，C** のうちどれか一つの箱をでたらめに選ぶ。次にその選んだ箱において，くじを **1** 本引いてはもとに戻す試行を **3** 回繰り返したところ，**3** 回中ちょうど **1** 回当たった。このとき，選んだ箱が **A** である条件付き確率は $\dfrac{\boxed{セソタ}}{\boxed{チツテ}}$ となる。

(4)
> 花子：どうやら箱が三つの場合でも，条件付き確率の $\boxed{ス}$ は各箱で **3** 回中ちょうど **1** 回当たりくじを引く確率の $\boxed{ス}$ になっているみたいだね。
>
> 太郎：そうだね。それを利用すると，条件付き確率の値は計算しなくても，その大きさを比較することができるね。

当りくじを引く確率が，$\dfrac{1}{2}$ である箱 **A**，$\dfrac{1}{3}$ である箱 **B**，$\dfrac{1}{4}$ である箱 **C**，$\dfrac{1}{5}$ である箱 **D** の四つの箱の場合を考える。まず，**A，B，C，D** のうちどれか一つの箱をでたらめに選ぶ。次にその選んだ箱において，くじを **1** 本引いてはもとに戻す試行を **3** 回繰り返したところ，**3** 回中ちょうど **1** 回当たった。このとき，条件付き確率を用いて，どの箱からくじを引いた可能性が高いかを考える。可能性が高い方から順に並べると $\boxed{ト}$ となる。

$\boxed{ト}$ の解答群

⓪ **A，B，C，D**	① **A，B，D，C**	② **A，C，B，D**
③ **A，C，D，B**	④ **A，D，B，C**	⑤ **B，A，C，D**
⑥ **B，A，D，C**	⑦ **B，C，A，D**	⑧ **B，C，D，A**

解答＆解説

(1)(ⅰ)・箱**A**で，当たりを引く確率 $p=\dfrac{1}{2}$，はずれる確率 $q=\dfrac{1}{2}$ より，3回中1回だけ当たる確率は，

> **反復試行の確率**
>
> 1回の試行で，A の起こる確率 p，起こらない確率 $q(=1-p)$ とする。n 回の試行の内 r 回だけ A が起こる確率
> $P_r = {}_nC_r \cdot p^r \cdot q^{n-r}$

$$_3C_1 \cdot p^1 \cdot q^2 = 3 \cdot \left(\frac{1}{2}\right)^1 \cdot \left(\frac{1}{2}\right)^2$$
$$= \frac{3}{8} \cdots \text{①} \quad \cdots\cdots \text{(答)}(\text{ア，イ})$$

・箱**B**で，当たりを引く確率 $p=\dfrac{1}{3}$，はずれる確率 $q=\dfrac{2}{3}$ より，3回中1回だけ当たる確率は，

$$_3C_1 \cdot \left(\frac{1}{3}\right)^1 \cdot \left(\frac{2}{3}\right)^2 = 3 \cdot \frac{4}{3^3}$$
$$= \frac{4}{9} \cdots \text{②} \quad \cdots\cdots \text{(答)}(\text{ウ，エ})$$

(ⅱ) $\begin{cases} \text{事象} A : \text{箱 A を選ぶ} \left(\text{確率} \dfrac{1}{2}\right), \\ \text{事象} B : \text{箱 B を選ぶ} \left(\text{確率} \dfrac{1}{2}\right), \end{cases}$

事象 W : 3回中1回だけ当たる，とする。

このとき，①, ②より，

$$P(A \cap W) = \frac{1}{2} \cdot \frac{3}{8} = \frac{3}{16}$$
$$P(B \cap W) = \frac{1}{2} \cdot \frac{4}{9} = \frac{2}{9}$$

$$P(W) = P(A \cap W) + P(B \cap W)$$
$$= \frac{3}{16} + \frac{2}{9} = \frac{27 + 32}{16 \times 9}$$
$$= \frac{59}{16 \times 9} \text{ より，}$$

・W が起こったという条件の下，A の起こる条件付き確率 $P_W(A)$ は，

$$P_W(A) = \frac{P(A \cap W)}{P(W)}$$
$$= \left(\frac{\frac{3}{16}}{\frac{59}{16 \times 9}}\right) = \frac{27}{59}$$

$$\cdots\cdots \text{(答)}(\text{オカ，キク})$$

・同様に，条件付き確率 $P_W(B)$ は，

$$P_W(B) = \frac{P(B \cap W)}{P(W)}$$
$$= \left(\frac{\frac{2}{9}}{\frac{59}{16 \times 9}}\right) = \frac{32}{59}$$

$$\cdots\cdots \text{(答)}(\text{ケコ，サシ})$$

(2) $P_W(A) : P_W(B) = P(A \cap W) : P(B \cap W)$

$$= \frac{1}{2} \times \frac{3}{8} : \frac{1}{2} \times \frac{2}{9} = \frac{3}{8} : \frac{2}{9} \text{ より，}$$

$P_W(A)$ と $P_W(B)$ の比は，①と②の確率の比に等しい。

$$\therefore \text{③} \cdots\cdots\cdots\cdots\cdots\cdots\cdots \text{(答)}(\text{ス})$$

(3) 3つの箱 A, B, C について, A, B, C で当たりを引く確率は順に $\dfrac{1}{2}$, $\dfrac{1}{3}$, $\dfrac{1}{4}$ であり, 次のように事象をおく。

$\begin{cases} 事象A：箱 A を選ぶ。 \\ 事象B：箱 B を選ぶ。 \\ 事象C：箱 C を選ぶ。 \end{cases}$

> いずれかを選ぶ確率は $\dfrac{1}{3}$

事象 W：3回中1回だけ当たる。

このとき,

$$P(A \cap W) = \underset{\text{A を選ぶ}}{\underline{\dfrac{1}{\cancel{3}}}} \times \underset{\text{3回中1回だけ当たる}}{\underline{{}_3C_1 \cdot \dfrac{1}{2} \cdot \left(\dfrac{1}{2}\right)^2}} = \dfrac{1}{8}$$

$$P(B \cap W) = \dfrac{1}{\cancel{3}} \times {}_3C_1 \cdot \dfrac{1}{3} \cdot \left(\dfrac{2}{3}\right)^2 = \dfrac{4}{27}$$

$$P(C \cap W) = \dfrac{1}{\cancel{3}} \times {}_3C_1 \cdot \dfrac{1}{4} \cdot \left(\dfrac{3}{4}\right)^2 = \dfrac{9}{64}$$

より,

$$P(W) = P(A \cap W) + P(B \cap W) + P(C \cap W)$$
$$= \dfrac{1}{8} + \dfrac{4}{27} + \dfrac{9}{64} = \dfrac{27 \times 8 + 4 \times 64 + 9 \times 27}{27 \times 64}$$
$$= \dfrac{715}{27 \times 64}$$

∴条件付き確率 $P_W(A)$ は,

$$P_W(A) = \dfrac{P(A \cap W)}{P(W)}$$
$$= \dfrac{\dfrac{1}{8}}{\dfrac{715}{27 \times 64}} = \dfrac{27 \times 8}{715}$$
$$= \dfrac{216}{715}$$

……(答)(セソタ, チツテ)

(4) 4つの箱 A, B, C, D について, A, B, C, D で当たりを引く確率は順に $\dfrac{1}{2}$, $\dfrac{1}{3}$, $\dfrac{1}{4}$, $\dfrac{1}{5}$ である。また, 次のように事象をおく。

$\begin{cases} 事象A：箱 A を選ぶ。 \\ 事象B：箱 B を選ぶ。 \\ 事象C：箱 C を選ぶ。 \\ 事象D：箱 D を選ぶ。 \end{cases}$

事象 W：3回中1回だけ当たる。

このとき,

$$P(A \cap W) = \dfrac{1}{4} \times {}_3C_1 \cdot \dfrac{1}{2} \cdot \left(\dfrac{1}{2}\right)^2 = \dfrac{1}{4} \times \dfrac{3}{8}$$

$$P(B \cap W) = \dfrac{1}{4} \times {}_3C_1 \cdot \dfrac{1}{3} \cdot \left(\dfrac{2}{3}\right)^2 = \dfrac{1}{4} \times \dfrac{4}{9}$$

$$P(C \cap W) = \dfrac{1}{4} \times {}_3C_1 \cdot \dfrac{1}{4} \cdot \left(\dfrac{3}{4}\right)^2 = \dfrac{1}{4} \times \dfrac{27}{64}$$

$$P(D \cap W) = \dfrac{1}{4} \times {}_3C_1 \cdot \dfrac{1}{5} \cdot \left(\dfrac{4}{5}\right)^2 = \dfrac{1}{4} \times \dfrac{48}{125}$$

よって, 条件付き確率の比は,

$$P_W(A) : P_W(B) : P_W(C) : P_W(D)$$
$$= \dfrac{P(A \cap W)}{P(W)} : \dfrac{P(B \cap W)}{P(W)} : \dfrac{P(C \cap W)}{P(W)} : \dfrac{P(D \cap W)}{P(W)}$$
$$= \dfrac{1}{\cancel{4}} \times \dfrac{3}{8} : \dfrac{1}{\cancel{4}} \times \dfrac{4}{9} : \dfrac{1}{\cancel{4}} \times \dfrac{27}{64} : \dfrac{1}{\cancel{4}} \times \dfrac{48}{125}$$
$$= \dfrac{3}{8} : \dfrac{4}{9} : \dfrac{27}{64} : \dfrac{48}{125}$$

| 0.375 | 0.444… | 0.421… | 0.384 |

よって, 事象 W の条件の下で, どの箱から引いた可能性が高いかについて, 高い方から順に並べると, B, C, D, A となる。

∴ ⑧ ……………………(答)(ト)

第 4 問 (選択問題) (配点 20)

円周上に **15** 個の点 P_0, P_1, $\cdots$, P_{14} が反時計回りに順に並んでいる。最初, 点 P_0 に石がある。さいころを投げて偶数の目が出たら石を反時計回りに **5** 個先の点に移動させ, 奇数の目が出たら石を時計回りに **3** 個先の点に移動させる。

この操作を繰り返す。たとえば, 石が点 P_5 にあるとき, さいころを投げて **6** の目が出たら石を点 P_{10} に移動させる。次に, **5** の目が出たら点 P_{10} にある石を点 P_7 に移動させる。

(1) さいころを **5** 回投げて, 偶数の目が $\boxed{ア}$ 回, 奇数の目が $\boxed{イ}$ 回出れば, 点 P_0 にある石を点 P_1 に移動させることができる。このとき, $x = \boxed{ア}$, $y = \boxed{イ}$ は, 不定方程式 $5x - 3y = 1$ の整数解になっている。

(2) 不定方程式 $5x - 3y = 8$ ……① のすべての整数解 x, y は k を整数として,
$$x = \boxed{ア} \times 8 + \boxed{ウ} k, \quad y = \boxed{イ} \times 8 + \boxed{エ} k$$
と表される。①の整数解 x, y の中で, $0 \leqq x < \boxed{エ}$ を満たすものは
$x = \boxed{オ}$, $y = \boxed{カ}$ である。したがって, さいころを $\boxed{キ}$ 回投げて, 偶数の目が $\boxed{オ}$ 回, 奇数の目が $\boxed{カ}$ 回出れば, 点 P_0 にある石を点 P_8 に移動させることができる。

(3) (2)において, さいころを $\boxed{キ}$ 回より少ない回数だけ投げて, 点 P_0 にある石を点 P_8 に移動させることはできないだろうか。

(*) 石を反時計回りまたは時計回りに15個先の点に移動させると元の点に戻る。

(*) に注意すると, 偶数の目が $\boxed{ク}$ 回, 奇数の目が $\boxed{ケ}$ 回出れば, さいころを投げる回数が $\boxed{コ}$ 回で, 点 P_0 にある石を点 P_8 に移動させることができる。このとき, $\boxed{コ} < \boxed{キ}$ である。

(4) 点 P_1, P_2, $\cdots$, P_{14} のうちから点を一つ選び, 点 P_0 にある石をさいころを何回か投げてその点に移動させる。そのために必要となる, さいころを投げる最小回数を考える。例えば, さいころを **1** 回だけ投げて点 P_0 にある石を点 P_2 へ移動させることはできないが, さいころを **2** 回投げて偶数の目と奇数の目が **1** 回ずつ出れば, 点 P_0 にある石を点 P_2 へ移動させることができる。したがって, 点 P_2 を選んだ場合には, この最小回数は **2** 回である。

点 P_1, P_2, $\cdots$, P_{14} のうち, この最小回数が最も大きいのは点 $\boxed{サ}$ であり, その最小回数は $\boxed{シ}$ 回である。

$\boxed{サ}$ の解答群

⓪ P_{10} ① P_{11} ② P_{12} ③ P_{13} ④ P_{14}

124

ヒント！ 不定方程式の応用問題だね。導入に従って，考えながら解いていこう。

解答＆解説

$P_0, P_1, P_2, \cdots, P_{14}$
を反時計回り
に円形に配
置し，初め
P_0 に石をおく。
この石を，サイ
コロを投げて，その目が

奇数のとき -3　　偶数のとき $+5$

$\begin{cases} (\text{i})\,偶数ならば，反時計まわりに+5 \\ (\text{ii})\,奇数ならば，時計まわりに-3移動する。\end{cases}$

(1) サイコロを 5 回投げて，偶数の目
　　が 2 回，奇数の目が 3 回出ると，
　　P_0 の石は P_1 に移る。

　　　　　　　……(答)(ア，イ)

　　偶数の目の回数 $x=2$，奇数の目の
　　回数 $y=3$ とおくと，これは $5x-3y=1\cdots$⓪ の整数解になっている。

(2) $5x-3y=8$ ……① $(x, y:整数)$
　　について，
　　⓪より，$5\cdot2-3\cdot3=1$ ……⓪′
　　⓪′×8 より，$5\cdot16-3\cdot24=8$ …⓪″
　　よって，①−⓪″ より，
　　$5(x-16)-3(y-24)=0$
　　$5(x-16)=3(y-24)$ ……②
　　ここで，5 と 3 は互いに素より，
　　$x-16$ は 3 の倍数である。よって，
　　$x-16=3k$ ……③ $(k:整数)$

③を②に代入して，
$5\cdot3k=3(y-24)$ ……④
以上③，④より，①の整数解は，
$x=2\times8+3k,\ y=3\times8+5k$
$(k:整数)$ である。……(答)(ウ，エ)
ここで，$0\leqq y<5$ をみたすものは，
$0\leqq 24+5k<5,\ \ -24\leqq5k<-19$
$-\dfrac{24}{5}\leqq k<-\dfrac{19}{5}$ より，$k=-4$
　　⌣(−4.8)　　⌣(−3.8)
$\therefore\ x=16+3\cdot(-4)=4$
　　$y=24+5\cdot(-4)=4$
　　　　　……(答)(オ，カ)
このとき，$x+y=4+4=8$ 回サイコ
ロを投げて，石を $P_0\to P_8$ に移せる。
　　　　　……(答)(キ)

(3) $P_0\to P_8$ に移すのに，$(x, y)=(4, 4)$，
　　すなわち，$x+y=8$ 回サイコロを
　　投げるよりも少ない回数で，この
　　移動を行うために
　(*)「反時計回りに 15 個先の点に
　　　移動させる，すなわち $x=3$
　　　のとき，元の点に戻る。」
　　ことを利用すると，
　　・$P_0\to P_8:(x, y)=(4, 4)=(1, 4)$
　　とできる。　　　3だけ引く

　$(x, y)=(1, 4)$ のとき，⓪の左辺は，
　$5\cdot1-3\cdot4=-7$ となるが，この P_{-7} は，
　実質的に P_8 のことである。

よって，$x=1$，$y=4$のとき，すなわち$x+y=5$回サイコロを投げることにより，$P_0 \rightarrow P_8$の移動が行える。……(答)(ク，ケ，コ)

(4) 一般に，石を$P_0 \rightarrow P_k$　$(k=1, 2, \cdots, 14)$に移すためには，

$5 \cdot 2 - 3 \cdot 3 = 1$……⓪′の両辺に$k$をかけて，

$5 \cdot 2k - 3 \cdot 3k = k \cdots$⑤となるので，$(x, y) = (2k, 3k)$として，

$x+y=5k$回サイコロを投げればよい。しかし，

(*)「反時計回りに15個先の点に移動させる，すなわち$x=3$のとき，元の点に戻る。」

と同様に，

(*)「時計回りに15個先の点に移動させる，すなわち$y=5$のとき，元の点に戻る。」

を利用して，$x \geqq 0$，$y \geqq 0$の範囲で，$x=2k$から3の倍数を引き，$y=3k$から5の倍数を引いても，$P_0 \rightarrow P_k$に石を移すことができる。

以上より，$P_0 \rightarrow P_k$に移すために投げるサイコロの最小回数$x+y$を求めると，次のようになる。

・$P_0 \rightarrow P_1$のとき，

$(x, y) = (2, 3)$より，

$x+y=2+3=5$

・$P_0 \rightarrow P_2$のとき，

$(x, y) = (4, 6) = (1, 1)$より，

$x+y=1+1=2$

・$P_0 \rightarrow P_3$のとき，

$(x, y) = (6, 9) = (0, 4)$より，

$x+y=0+4=4$

以下同様に，$P_0 \rightarrow P_k$ $(k=4, 5, \cdots, 9)$について，最小回数$x+y$を求めればいいが，サ の選択肢は，$P_0 \rightarrow P_k$ $(k=10, 11, \cdots, 14)$なので，この5つに絞って計算すればよい。

・$P_0 \rightarrow P_{10}$のとき，

$(x, y) = (20, 30) = (2, 0)$より，

$x+y=2+0=2$

・$P_0 \rightarrow P_{11}$のとき，

$(x, y) = (22, 33) = (1, 3)$より，

$x+y=1+3=4$

・$P_0 \rightarrow P_{12}$のとき，

$(x, y) = (24, 36) = (0, 1)$より，

$x+y=0+1=1$

・$P_0 \rightarrow P_{13}$のとき，

$(x, y) = (26, 39) = (2, 4)$より，

$x+y=2+4=6$

・$P_0 \rightarrow P_{14}$のとき，

$(x, y) = (28, 42) = (1, 2)$より，

$x+y=1+2=3$

以上より，最小回数が最も大きいのは点P_{13}である。

$\therefore$ ③………………………(答)(サ)

このときの最小回数は6である。

………(答)(シ)

第 5 問（選択問題）（配点 20）

△ABC において，AB = 3，BC = 4，AC = 5 とする。

∠BAC の二等分線と辺 BC との交点を D とすると

$$BD = \frac{\boxed{ア}}{\boxed{イ}}, \quad AD = \frac{\boxed{ウ}\sqrt{\boxed{エ}}}{\boxed{オ}}$$ である。

また，∠BAC の二等分線と△ABC の外接円 O との交点で点 A とは異なる点を E とする。△AEC に着目すると

$$AE = \boxed{カ}\sqrt{\boxed{キ}}$$ である。

△ABC の 2 辺 AB と AC の両方に接し，外接円 O に内接する円の中心を P とする。円 P の半径を r とする。さらに，円 P と外接円 O との接点を F とし，直線 PF と外接円 O との交点で点 F とは異なる点を G とする。このとき

$$AP = \sqrt{\boxed{ク}}\,r, \quad PG = \boxed{ケ} - r$$

と表せる。したがって，方べきの定理により $r = \dfrac{\boxed{コ}}{\boxed{サ}}$ である。

△ABC の内心を Q とする。内接円 Q の半径は $\boxed{シ}$ で，$AQ = \sqrt{\boxed{ス}}$ である。

また，円 P と辺 AB との接点を H とすると，$AH = \dfrac{\boxed{セ}}{\boxed{ソ}}$ である。

以上から，点 H に関する次の(a)，(b)の正誤の組合せとして正しいものは $\boxed{タ}$ である。

(a) 点 H は 3 点 B，D，Q を通る円の周上にある。

(b) 点 H は 3 点 B，E，Q を通る円の周上にある。

$\boxed{タ}$ の解答群

	⓪	①	②	③
(a)	正	正	誤	誤
(b)	正	誤	正	誤

ヒント！ トレミーの定理，方べきの定理などをうまく利用して解く，かなり難度の高い問題になっている。導入に従って図を描きながら解いていこう。最後の設問では，かなり計算が大変になるけれど，ある程度正確な図を描いていれば直感的に解答することもできるかも知れない。

右図のような直
角三角形 **ABC**
の∠**A** の二等分
線と辺 **BC** の交
点を **D** とおくと，
頂角の二等分
線の定理より，

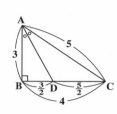

$$\mathbf{BD} : \mathbf{DC} = \mathbf{AB} : \mathbf{AC}$$
$$= 3 : 5 \, だから，$$

$$\mathbf{BD} = \frac{3}{8} \cdot \mathbf{BC} = \frac{3}{8} \times 4 = \frac{3}{2}$$

……（答）（ア，イ）

直角三角形 **ABD** に三平方の定理を用いると，

$$\mathbf{AD}^2 = \mathbf{AB}^2 + \mathbf{BD}^2 = 3^2 + \left(\frac{3}{2}\right)^2 = \frac{36 + 9}{4}$$

$$\therefore \mathbf{AD} = \sqrt{\frac{45}{4}} = \frac{3\sqrt{5}}{2}$$

……（答）（ウ，エ，オ）

△**ABC** の外接円 **O**
と直線 **AD** の交点
を **E** とおく。

∠**BAE** ＝∠**CAE**
より，$\overset{\frown}{\mathbf{BE}} = \overset{\frown}{\mathbf{EC}}$
よって，**BE** ＝ **EC** ＝ x
とおくと，
トレミーの定理より，

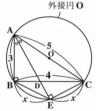
外接円 **O**

$$\mathbf{AE} \times 4 = 5 \times x + 3 \times x$$
$$\mathbf{4AE} = 8x$$
$$\therefore \mathbf{AE} = 2x$$

直角三角形 **AEC** に
三平方の定理を用いて，

$$5^2 = (2x)^2 + x^2$$
$$5x^2 = 25 \quad \therefore x = \sqrt{5}$$

よって，**AE** ＝ $2x$ ＝ $2\sqrt{5}$ …（答）（カ，キ）

トレミーの定理

$$l \cdot m = x \cdot z + y \cdot w$$

△**ABC** の 2 辺 **AB**，
AC と接し，外接
円 **O** に内接する円
の中心を **P** とおき，
この半径を r とおく。
中心 **P** から辺 **AB** に
下した直線の足を **H**
とおく。直角三角形
AHP は辺の比が
AH ：**HP** ：**PA** ＝ 2 ：1 ：$\sqrt{5}$
の直角三角形より，
HP ＝ r から，**AP** ＝ $\sqrt{5}r$ となる。

……（答）（ク）

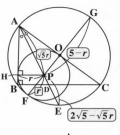

図（i）

円とその内接円の 2 つの中心 **O** と **P**
を結ぶ直線は 2 円の接点 **F** を通るの
で，4 点 **F**，**P**，**O**，**G** は同一直線上にあ
り，**FG** ＝ **AC** ＝ 5（直径），**FP** ＝ r よ
り，**PG** ＝ 5－r である。……（答）（ケ）

よって，**AP** ＝ $\sqrt{5}r$，
PE ＝ $\sqrt{5}(2 - r)$，
FP ＝ r，
PG ＝ 5－r より，
方べきの定理を用いて，

$$\sqrt{5}r \cdot \sqrt{5}(2 - r) = r \cdot (5 - r)$$
$$5(2 - r) = 5 - r$$
$$10 - 5r = 5 - r$$
$$4r = 5 \quad \therefore r = \frac{5}{4} \cdots\cdots（答）（コ，サ）$$

方べきの定理

$$x \cdot y = z \cdot w$$

△**ABC** の内接円 **Q**
の半径を r' とおくと，
公式より，

$$\frac{1}{2} \cdot 3 \cdot 4 = \frac{1}{2}(3 + 4 + 5) \cdot r'$$

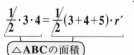
△**ABC** の面積

$12r' = 12$ ∴ $r' = 1$ ………(答)(シ)

次に，点 Q から
辺 AB に下した垂
線の足を H′ とお
く。直角三角形
AH′Q は辺の比が，

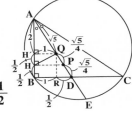

AH′：H′Q：QA $= 2 : 1 : \sqrt{5}$
の直角三角形であり，

$r' = 1$ より，AQ $= \sqrt{5}$ である。

$\overline{\text{H′Q}}$ ………(答)(ス)

また，図(ⅰ)より，

AH $= 2r = 2 \cdot \dfrac{5}{4} = \dfrac{5}{2}$ である。

………(答)(セ，ソ)

次に，点 H に
ついて，

□HBDQ
を考える。
右図より，

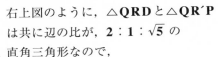

H′H $=$ HB $= \dfrac{1}{2}$
である。

点 Q から辺 BC
に下した垂線の
足を R とおき，
P から QR に下
した垂線の足を
R′ とおく。すると，
右上図のように，△QRD と △QR′P
は共に辺の比が，$2 : 1 : \sqrt{5}$ の
直角三角形なので，

QR′ $=$ R′R $= \dfrac{1}{2}$ $(=$H′H$)$ より，

QP $=$ PD $= \dfrac{\sqrt{5}}{4}$ となる。

右図より，

QH $= \dfrac{\sqrt{5}}{2}$，

HP $= \dfrac{5}{4}$

である。

よって，
△QHP に
着目して，
HP² と QH²+QP²
を求めると，

$$\text{HP}^2 = \left(\dfrac{5}{4}\right)^2 = \dfrac{25}{16}$$

$$\text{QH}^2 + \text{QP}^2 = \left(\dfrac{\sqrt{5}}{2}\right)^2 + \left(\dfrac{\sqrt{5}}{4}\right)^2$$
$$= \dfrac{5}{4} + \dfrac{5}{16} = \dfrac{25}{16}$$

となって，三平方の定理 HP² $=$ QH²
$+$QP² が成り立つ。∴ ∠HQP $= 90°$
である。

以上より，∠HBD $=$ ∠HQD $= 90°$ とな
って，□HBDQ の内対角の和が $180°$
をみたすので，□HBDQ は円に内接
する。

よって，点 E は線分 QD の延長上の
点より，□HBEQ は円に内接するこ
とはない。

以上より，

(a)「点 H は 3 点 B, D, Q を通る円の
　　周上にある。」は正であり，

(b)「点 H は 3 点 B, E, Q を通る円の
　　周上にある。」は誤である。

∴ ① ………………………(答)(タ)

第 1 問（必答問題）（配点 30）

[1] 実数 x についての不等式 $|x+6| \leqq 2$ の解は，

$\boxed{アイ} \leqq x \leqq \boxed{ウエ}$ である。

よって，a, b, c, d が，$|(1-\sqrt{3})(a-b)(c-d)+6| \leqq 2$ を満たしているとき，$1-\sqrt{3}$ は負であることに注意すると，$(a-b)(c-d)$ のとり得る値の範囲は，

$\boxed{オ}+\boxed{カ}\sqrt{3} \leqq (a-b)(c-d) \leqq \boxed{キ}+\boxed{ク}\sqrt{3}$

であることがわかる。

特に，$(a-b)(c-d) = \boxed{キ}+\boxed{ク}\sqrt{3}$ ……① であるとき，さらに，$(a-c)(b-d) = -3+\sqrt{3}$ ……② が成り立つならば，$(a-d)(c-b) = \boxed{ケ}+\boxed{コ}\sqrt{3}$ ……③ であることが，等式①，②，③ の左辺を展開して比較することによりわかる。

[2] (1) 点 O を中心とし，半径が 5 である円 O がある。この円周上に 2 点 A, B を AB = 6 となるようにとる。また，円 O の円周上に，2 点 A, B とは異なる点 C をとる。

(i) $\sin \angle ACB = \boxed{サ}$ である。また，点 C を $\angle ACB$ が鈍角となるようにとるとき，$\cos \angle ACB = \boxed{シ}$ である。

(ii) 点 C を △ABC の面積が最大となるようにとる。点 C から直線 AB に垂直な直線を引き，直線 AB との交点を D とするとき，$\tan \angle OAD = \boxed{ス}$ である。また，△ABC の面積は $\boxed{セソ}$ である。

$\boxed{サ} \sim \boxed{ス}$ の解答群 (同じものを繰り返し選んでもよい。)

⓪ $\dfrac{3}{5}$	① $\dfrac{3}{4}$	② $\dfrac{4}{5}$	③ 1	④ $\dfrac{4}{3}$
⑤ $-\dfrac{3}{5}$	⑥ $-\dfrac{3}{4}$	⑦ $-\dfrac{4}{5}$	⑧ -1	⑨ $-\dfrac{4}{3}$

(2) 半径が 5 である球 S がある。この球面上に 3 点 P, Q, R をとったとき，これらの 3 点を通る平面 α 上で PQ = 8，QR = 5，RP = 9 であったとする。球 S の球面上に点 T を三角錐 TPQR の体積が最大となるようにとるとき，その体積を求めよう。

まず，$\cos \angle QPR = \dfrac{タ}{チ}$ であることから，$\triangle PQR$ の面積は，

$\boxed{ツ}\sqrt{\boxed{テト}}$ である。

次に，点 T から平面 α に垂直な直線を引き，平面 α との交点を H とする。このとき，PH, QH, RH の長さについて，$\boxed{ナ}$ が成り立つ。

以上より，三角錐 $TPQR$ の体積は $\boxed{ニヌ}\left(\sqrt{\boxed{ネノ}}+\sqrt{\boxed{ハ}}\right)$ である。

$\boxed{ナ}$ の解答群

⓪ $PH < QH < RH$	① $PH < RH < QH$
② $QH < PH < RH$	③ $QH < RH < PH$
④ $RH < PH < QH$	⑤ $RH < QH < PH$
⑥ $PH = QH = RH$	

ヒント！ [1] は，数と式の基本問題なので 5 分位で解けるはずだ。[2] は，三角比の図形への応用問題で空間図形の問題でもあるんだね。これは 15 分で解答しよう！

解答＆解説

[1] $|x+6| \leqq 2$ ……⓪ とおく。

これを解いて，

$-2 \leqq x+6 \leqq 2$ より，

$-8 \leqq x \leqq -4$ ……(答)(アイ，ウエ)

実数 a, b, c, d が，

$\left|(1-\sqrt{3})(a-b)(c-d)+6\right| \leqq 2 \cdots ⓪'$

これを x とおくと，⓪ と同じ不等式

を満たすとき，⓪ と同様に，

$-8 \leqq (1-\sqrt{3})(a-b)(c-d) \leqq -4$

となる。この各辺に -1 をかけて，

$4 \leqq (\sqrt{3}-1)(a-b)(c-d) \leqq 8$

不等号の向きが変わった！

各辺を $\sqrt{3}-1$ で割ると，

$\dfrac{4}{\sqrt{3}-1} \leqq (a-b)(c-d) \leqq \dfrac{8}{\sqrt{3}-1}$ より，

$\dfrac{4(\sqrt{3}+1)}{(\sqrt{3}-1)(\sqrt{3}+1)}=2(\sqrt{3}+1)$ $\dfrac{8(\sqrt{3}+1)}{(\sqrt{3}-1)(\sqrt{3}+1)}=4(\sqrt{3}+1)$

$2+2\sqrt{3} \leqq (a-b)(c-d) \leqq 4+4\sqrt{3}$

となる。 ……(答)(オ，カ，キ，ク)

ここで，

$(a-b)(c-d)=4+4\sqrt{3} \cdots ①$ のとき，

$ac-ad-bc+bd$

$(a-c)(b-d)=-3+\sqrt{3} \cdots ②$ が成

$ab-ad-bc+cd$

り立つならば，

① $-$ ② より，

$ac-ab+bd-cd=4+4\sqrt{3}-(-3+\sqrt{3})$

$a(c-b)-d(c-b)=(a-d)(c-b)$

$\therefore (a-d)(c-b)=7+3\sqrt{3}$

………(答)(ケ，コ)

[2]

(1)(i) 右図に,
中心 **O**,
半径 $R =$
5 の円と,
線分 **AB**
(**= 6**) を
示す。

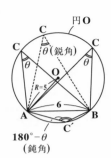

円周上の点 **C** について,
$\angle \mathrm{ACB} = \theta(鋭角)$ とおくと,
正弦定理より,

$$\frac{\mathrm{AB}}{\sin\theta} = 2R \quad (\mathrm{AB} = 6,\ R = 5)$$

よって, $\sin\theta = \sin\angle\mathrm{ACB}$

$$= \frac{6}{2 \cdot 5} = \frac{3}{5}$$

$\therefore ⓪$ ·················(答)(サ)

$0° < \theta < 90°$ より, $\cos\theta > 0$

よって,

$$\cos\theta = \sqrt{1 - \sin^2\theta} = \sqrt{1 - \left(\frac{3}{5}\right)^2}$$

$$= \sqrt{\frac{16}{25}} = \frac{4}{5} \ \boxed{\cos^2\theta + \sin^2\theta = 1}$$

ここで, $\angle\mathrm{AC'B}$ を上図のよう
に鈍角となるようにとると,
$\angle\mathrm{AC'B} = 180° - \theta$ より,
$\cos\angle\mathrm{AC'B} = \cos(180° - \theta)$

$$= -\cos\theta = -\frac{4}{5} \ となる。$$

$\therefore ⑦$ ·················(答)(シ)

(ii) $\triangle\mathrm{ABC}$ の
面積が最大
となるとき
の **C** を $\mathrm{C_0}$
とおくと,
$\mathrm{C_0}$ は線分

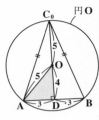

AB からの距離が最大となる
点である。よって, $\triangle\mathrm{AC_0B}$
は, $\mathrm{AC_0} = \mathrm{BC_0}$ の二等辺三角
形であり, $\mathrm{C_0}$ から **AB** に下し
た垂線の足 **D** は, **AB** を **2** 等
分する。

よって, 直角
三角形 **OAD**
は右図のよう
になるので,

$$\tan\angle\mathrm{OAD} = \frac{4}{3}$$

となる。 $\therefore ④$ ·········(答)(ス)

また, 二等辺三角形 $\triangle\mathrm{ABC_0}$
の面積は, $\boxed{\triangle\mathrm{ABC}の面積の最大値}$

$$\triangle\mathrm{ABC_0} = \frac{1}{2} \times 6 \times (5 + 4)$$

$$= 3 \times 9 = 27 \ である。$$

·········(答)(セソ)

(2) 右図に, 中心 O′, 半径 $R′ = 5$ の球面 S と平面 α を示す。また, S と α の交円を C′ とおき, この円 C′ の周上に

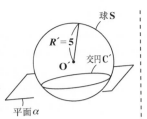

3点 P, Q, R がある。

△PQR について, PQ $= r = 8$, QR $= p = 5$, RP $= q = 9$ とおき,

∠QPR $= \gamma$ とおくと, 余弦定理より,

$$\cos\gamma = \frac{q^2 + r^2 - p^2}{2 \cdot q \cdot r} = \frac{9^2 + 8^2 - 5^2}{2 \cdot 9 \cdot 8}$$

$$= \frac{81 + 64 - 25}{16 \cdot 9} = \frac{120}{16 \cdot 9}$$

$$= \frac{40}{16 \cdot 3} = \frac{5}{2 \cdot 3}$$

$$= \frac{5}{6} \cdots\cdots\cdots\cdots (答)(タ, チ)$$

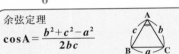

余弦定理
$$\cos A = \frac{b^2 + c^2 - a^2}{2bc}$$

$\sin\gamma > 0$ より,

$$\sin\gamma = \sqrt{1 - \cos^2\gamma} = \sqrt{1 - \left(\frac{5}{6}\right)^2}$$

$$= \sqrt{\frac{11}{36}} = \frac{\sqrt{11}}{6}$$

三角すい TPQR の底面積

$$\therefore \triangle PQR = \frac{1}{2} \cdot q \cdot r \cdot \sin\gamma$$

$$= \frac{1}{2} \cdot 9 \cdot 8 \cdot \frac{\sqrt{11}}{6} = 6\sqrt{11}$$

$$\cdots\cdots\cdots (答)(ツ, テト)$$

三角すいの底面積が分かったので, 後は T を α からの距離が最大

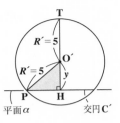

となるようにとり, T から α に下した垂線の足を H とおくと, 点 H は, 交円 C′ (△PQR の外接円) の中心になる。
よって, PH $=$ QH $=$ RH より,
∴ ⑥ $\cdots\cdots$(答)(ナ)
ここで, この交円 C′ の半径を $r′$ とおくと, 正弦定理より,

$$\frac{5}{\sin\gamma} = 2r′ \quad r′ = \frac{5}{2 \cdot \frac{\sqrt{11}}{6}} = \frac{15}{\sqrt{11}}$$

よって, 直角三角形 O′PH について, O′H $= y$ とおいて, 三平方の定理を用いると,

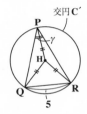

$$5^2 = y^2 + \left(\frac{15}{\sqrt{11}}\right)^2 より,$$

$$y^2 = 25 - \frac{225}{11} = \frac{50}{11} \quad \therefore y = \frac{\sqrt{50}}{\sqrt{11}} = \frac{5\sqrt{2}}{\sqrt{11}}$$

∴ 求める三角すい TPQR の体積 V は,

$$V = \frac{1}{3} \cdot \underset{底面積}{\triangle PQR} \cdot \underset{高さ}{(5 + y)}$$

$$= \frac{1}{3} \cdot 6\sqrt{11} \cdot \left(5 + \frac{5\sqrt{2}}{\sqrt{11}}\right)$$

$$= 10(\sqrt{11} + \sqrt{2})$$

$$\cdots\cdots\cdots(答)(ニヌ, ネノ, ハ)$$

[1]　太郎さんは，総務省が公表している **2020** 年の家計調査の結果を用いて，地域による食文化の違いについて考えている。家計調査における調査地点は，都道府県庁所在市および政令指定都市 (都道府県庁所在市を除く) であり，合計 **52** 市である。家計調査の結果の中でも，スーパーマーケットなどで販売されている調理食品の「二人以上の世帯の **1** 世帯当たり年間支出金額 (以下，支出金額，単位は円)」を分析することにした。以下においては，**52** 市の調理食品の支出金額をデータとして用いる。

　　太郎さんは調理食品として，最初にうなぎのかば焼き (以下，かば焼き) に着目し，図 **1** のように **52** 市におけるかば焼きの支出金額のヒストグラムを作成した。ただし，ヒストグラムの各階級の区間は，左側の数値を含み，右側の数値を含まない。

　　なお，以下の図や表については，総務省の **Web** ページをもとに作成している。

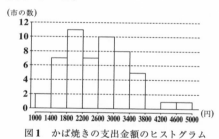

図**1**　かば焼きの支出金額のヒストグラム

(1) 図 **1** から次のことが読み取れる。

- ・第 **1** 四分位数が含まれる階級は ア である。
- ・第 **3** 四分位数が含まれる階級は イ である。
- ・四分位範囲は ウ 。

ア ， イ の解答群 (同じものを繰り返し選んでもよい。)

⓪ **1000** 以上 **1400** 未満	① **1400** 以上 **1800** 未満
② **1800** 以上 **2200** 未満	③ **2200** 以上 **2600** 未満
④ **2600** 以上 **3000** 未満	⑤ **3000** 以上 **3400** 未満
⑥ **3400** 以上 **3800** 未満	⑦ **3800** 以上 **4200** 未満
⑧ **4200** 以上 **4600** 未満	⑨ **4600** 以上 **5000** 未満

ウ の解答群

⓪ **800 より小さい**

① **800 より大きく 1600 より小さい**

② **1600 より大きく 2400 より小さい**

③ **2400 より大きく 3200 より小さい**

④ **3200 より大きく 4000 より小さい**

⑤ **4000 より大きい**

ヒント！ 恒例の冗長な謎の長文問題の登場だね。でも，気にするな！大した事は書いてない!! の精神で，まず，[2] を10分間で解けるだけ解いていこう！今回は，本当に基本問題だけだね。

解答＆解説

(1) うなぎのかば焼きとやきとりをそれぞれ商品 **A** と **B** とおく。

A の支出金額と **52** の市のヒストグラムに，第 1，2，3 四分位数 q_1，q_2，q_3 を直接書き込むと，

13市刻み

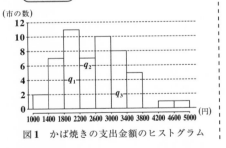

図1 かば焼きの支出金額のヒストグラム

・$1800 \leqq q_1 < 2200$ ……㋐ より，

∴ ② ……………………(答)(ア)

・$3000 \leqq q_3 < 3400$ ……㋑ より，

∴ ⑤ ……………………(答)(イ)

㋐，㋑ より，四分位範囲 $q_3 - q_1$ は，

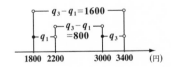

$800 < q_3 - q_1 < 1600$

∴ ① ……………………(答)(ウ)

(2)　太郎さんは，東西での地域による食文化の違いを調べるために，**52** 市を東側の地域 **E（19 市）**と西側の地域 **W（33 市）**の二つに分けて考えることにした。

（ⅰ）地域 **E** と地域 **W** について，**A** の支出金額の箱ひげ図を，図 **2**，図 **3** のようにそれぞれ作成した。

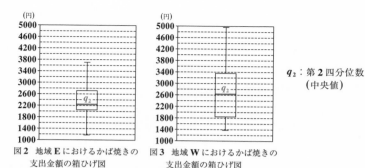

図2 地域Eにおけるかば焼きの　　図3 地域Wにおけるかば焼きの
　　支出金額の箱ひげ図　　　　　　　　支出金額の箱ひげ図

かば焼きの支出金額について，図2と図3から読み取れることとして，次の⓪～③のうち，正しいものは　エ　である。

　エ　の解答群

⓪ 地域Eにおいて，小さい方から5番目は2000以下である。
① 地域Eと地域Wの範囲は等しい。
② 中央値は，地域Eより地域Wの方が大きい。
③ 2600未満の市の割合は，地域Eより地域Wの方が大きい。

(ii)　太郎さんは，地域Eと地域Wのデータの散らばりの度合いを数値でとらえようと思い，それぞれの分散を考えることにした。地域Eにおけるかば焼きの支出金額の分散は，地域Eのそれぞれの市におけるかば焼きの支出金額の偏差の　オ　である。

　オ　の解答群

⓪ 2乗を合計した値
① 絶対値を合計した値
② 2乗を合計して地域Eの市の数で割った値
③ 絶対値を合計して地域Eの市の数で割った値
④ 2乗を合計して地域Eの市の数で割った値の平方根のうち
　正のもの
⑤ 絶対値を合計して地域Eの市の数で割った値の平方根のうち
　正のもの

(2)(i) 明らかに，中央値 q_2 は，EよりWの方が大きい。

∴ ②　……………………(答)(エ)

(ii) 一般に，分散 V の定義式は，

$$V = \frac{1}{n}\underbrace{\left\{ (x_1 - m)^2 + (x_2 - m)^2 + \cdots + (x_n - m)^2 \right\}}_{\text{偏差の2乗の和}}$$

∴ ②　……………………(答)(オ)

(3) 太郎さんは，(2)で考えた地域 E における，やきとりの支出金額
についても調べることにした。

　ここでは地域 E において，やきとりの支出金額が増加すれば，
かば焼きの支出金額も増加する傾向があるのではないかと考え，
まず図 4 のように，地域 E における，やきとりとかば焼きの支出
金額の散布図を作成した。そして，相関係数を計算するために，
表 1 のように平均値，分散，標準偏差および共分散を算出した。
ただし，共分散は地域 E のそれぞれの市における，やきとりの支
出金額の偏差とかば焼きの支出金額の偏差との積の平均値である。

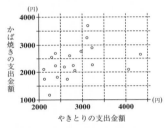

図 4　地域 E における，やきとりとかば焼きの支出金額の散布図

表 1　地域 E における，やきとりとかば焼きの支出金額の平均値，
　　　分散，標準偏差および共分散

	平均値	分　散	標準偏差	共分散
やきとりの支出金額	2810	348100	590	124000
かば焼きの支出金額	2350	324900	570	

　表 1 を用いると，地域 E における，やきとりの支出金額とかば
焼きの支出金額の相関係数は $\boxed{カ}$ である。

　$\boxed{カ}$ については，最も適当なものを，次の ⓪ 〜 ⑨ のうちから一つ選べ。

⓪ -0.62	① -0.50	② -0.37	③ -0.19
④ -0.02	⑤ 0.02	⑥ 0.19	⑦ 0.37
⑧ 0.50	⑨ 0.62		

---

(3) 商品 A，B の標準偏差は，
$S_A = 570$，$S_B = 590$，
共分散 $S_{AB} = 124000$ より，
B と A の相関係数 r_{AB} は，

$r_{AB} = \dfrac{S_{AB}}{S_A \cdot S_B} = \dfrac{124000}{570 \times 590} = \dfrac{1240}{57 \cdot 59}$

$\therefore r_{AB} = \dfrac{1240}{58^2} = \dfrac{310}{29^2} = \dfrac{310}{841} = 0.37$

$\boxed{57 \cdot 59 = 58^2 \text{ と近似して，計算を楽にしよう。}}$

$\therefore$ ⑦ ……………………(答)(カ)

137

[2] 太郎さんと花子さんは，バスケットボールのプロ選手の中には，リング
と同じ高さでシュートを打てる人がいることを知り，シュートを打つ高
さによってボールの軌道がどう変わるかについて考えている。

二人は，図1のように座標軸が定められた平面上に，プロ選手と花子
さんがシュートを打つ様子を真横から見た図をかき，ボールがリングに
入った場合について，後の仮定を設定して考えることにした。長さの単
位はメートルであるが，以下では省略する。

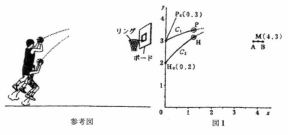

参考図　　　　　　　　　　図1

┌─ **仮定** ──────────────────────────────
│
│ ・平面上では，ボールを直径 **0.2** の円とする。
│
│ ・リングを真横から見たときの左端を点 $A(3.8, 3)$，右端を点 $B(4.2, 3)$
│ 　とし，リングの太さは無視する。
│
│ ・ボールがリングや他のものに当たらずに上からリングを通り，かつ，
│ 　ボールの中心が **AB** の中点 $M(4, 3)$ を通る場合を考える。ただし，
│ 　ボールがリングに当たるとは，ボールの中心と **A** または **B** との距離
│ 　が **0.1** 以下になることとする。
│
│ ・プロ選手がシュートを打つ場合のボールの中心を点 **P** とし，**P** は，は
│ 　じめに点 $P_0(0, 3)$ にあるものとする。また，P_0, **M** を通る，上に凸
│ 　の放物線を C_1 とし，**P** は C_1 上を動くものとする。
│
│ ・花子さんがシュートを打つ場合のボールの中心を点 **H** とし，**H** は，は
│ 　じめに点 $H_0(0, 2)$ にあるものとする。また，H_0, **M** を通る，上に
│ 　凸の放物線を C_2 とし，**H** は C_2 上を動くものとする。
│
│ ・放物線 C_1 や C_2 に対して，頂点の y 座標を「**シュートの高さ**」とし，頂
│ 　点の x 座標を「**ボールが最も高くなるときの地上の位置**」とする。
└────────────────────────────────────

(1) 放物線 C_1 の方程式における x^2 の係数を a とする。放物線 C_1 の方程
　　式は，$y = ax^2 - \boxed{キ}\, ax + \boxed{ク}$ と表すことができる。また，

138

プロ選手の「シュートの高さ」は，$-\boxed{ケ}\,a+\boxed{コ}$ である。

放物線 C_2 の方程式における x^2 の係数を p とする。放物線 C_2 の方程式は，$y=p\left\{x-\left(2-\dfrac{1}{8p}\right)\right\}^2-\dfrac{(16p-1)^2}{64p}+2$ と表すことができる。

プロ選手と花子さんの「ボールが最も高くなるときの地上の位置」の比較の記述として，次の ⓪〜③ のうち，正しいものは $\boxed{サ}$ である。

$\boxed{サ}$ の解答群

> ⓪ プロ選手と花子さんの「ボールが最も高くなるときの地上の位置」は，つねに一致する。
> ① プロ選手の「ボールが最も高くなるときの地上の位置」の方が，つねに M の x 座標に近い。
> ② 花子さんの「ボールが最も高くなるときの地上の位置」の方が，つねに M の x 座標に近い。
> ③ プロ選手の「ボールが最も高くなるときの地上の位置」の方が M の x 座標に近いときもあれば，花子さんの「ボールが最も高くなるときの地上の位置」の方が M の x 座標に近いときもある。

ヒント！ P(プロ) と H(花子) の 2 通りの 2 点を通る上に凸の放物線の問題なんだね。また，冗長な謎の長文問題だけれど，「大したことは書いてない！」ので 10 分で解けるだけ解いていこう。

解答＆解説

(1) P(プロ) のボールの中心 P の軌跡の曲線 C_1 は，点 $P_0(0,3)$ と点 $M(4,3)$ を通る上に凸の放物線より，

$y=ax(x-4)+3 \quad (a<0)$
$\quad =ax^2-4ax+3 \quad \cdots\cdots①$
$\qquad\qquad\cdots\cdots$（答）(キ, ク)

> 2点 $(0,0)$, $(4,0)$ を通る放物線 $y=ax(x-4)$ を y 軸方向に $+3$ だけ平行移動したもの

また，$x=2$ のとき，P のシュートの高さを求める。①に $x=2$ を代入して，高さ $y=a\cdot2\cdot(-2)+3=-4a+3$ である。$\cdots\cdots$（答）(ケ, コ)

次に，H(花子) のボールの描く放物線 C_2 は，点 $(0,2)$, $(4,3)$ を通るので，

$y=p\left\{x-\left(2-\dfrac{1}{8p}\right)\right\}^2-\dfrac{(16p-1)^2}{64p}+2$
$(p<0)$ となる。

> これは，テストでは確認することはないので，そのまま使おう！

C_2 のシュートの高さとなるときの x は，$x=2-\dfrac{1}{8p}$ であり，これは $x=2$ より常に大きい。∴ ② $\cdots$（答）(サ)

139

(2) 二人は，ボールがリングすれすれを通る場合のプロ選手と花子さんの「**シュートの高さ**」について次のように話している。

> 太郎：例えば，プロ選手のボールがリングに当たらないようにするには，**P**がリングの左端**A**のどのくらい上を通れば良いのかな。
>
> 花子：**A**の真上の点で**P**が通る点**D**を，線分**DM**が**A**を中心とする半径**0.1**の円と接するようにとって考えてみたらどうかな。
>
> 太郎：なるほど。**P**の軌道は上に凸の放物線で山なりだから，その場合，図**2**のように，**P**は**D**を通った後で線分**DM**より上側を通るのでボールはリングに当たらないね。花子さんの場合も，**H**がこの**D**を通れば，ボールはリングに当たらないね。
>
> 花子：放物線C_1とC_2が**D**を通る場合でプロ選手と私の「**シュートの高さ**」を比べてみようよ。

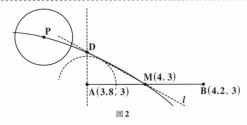

図2

図**2**のように，**M**を通る直線lが，**A**を中心とする半径**0.1**の円に直線**AB**の上側で接しているとする。また，**A**を通り直線**AB**に垂直な直線を引き，lとの交点を**D**とする。このとき，$\mathbf{AD} = \dfrac{\sqrt{3}}{15}$である。

よって，放物線C_1が**D**を通るとき，C_1の方程式は

$$y = -\frac{\boxed{シ}\sqrt{\boxed{ス}}}{\boxed{セソ}}\left(x^2 - \boxed{キ}\,x\right) + \boxed{ク}\ となる。$$

また，放物線C_2が**D**を通るとき，**(1)**で与えられたC_2の方程式を用いると，花子さんの「**シュートの高さ**」は約**3.4**と求められる。

以上のことから，放物線C_1とC_2が**D**を通るとき，プロ選手と花

子さんの「**シュートの高さ**」を比べると，$\boxed{夕}$ の「**シュートの高さ**」の方が大きく，その差はボール $\boxed{チ}$ である。なお，$\sqrt{3} = 1.7320508\cdots$ である。

$\boxed{夕}$ の解答群

⓪ プロ選手	① 花子さん

$\boxed{チ}$ については，最も適当なものを，次の⓪～③のうちから一つ選べ。

⓪ 約 **1** 個分	① 約 **2** 個分	② 約 **3** 個分	③ 約 **4** 個分

解答＆解説

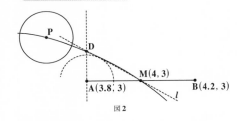

図2

(2) 図2より，曲線 $C_1 : y = ax(x-4)+3 \cdots ①$

が点 $D\left(3.8,\ 3+\dfrac{\sqrt{3}}{15}\right)$ を通るとき，

これらの座標を①に代入して，

$$\cancel{3} + \frac{\sqrt{3}}{15} = a \times 3.8 \times (-0.2) + \cancel{3}$$

$$-\frac{19}{25}a = \frac{\sqrt{3}}{15} \text{ より，}$$

$$a = -\frac{\sqrt{3}}{15} \times \frac{25}{19} = -\frac{5\sqrt{3}}{57}$$

これを①に代入すると，

$$y = -\frac{5\sqrt{3}}{57}(x^2 - 4x) + 3 \quad \cdots\cdots ①'$$

$$\cdots\cdots\cdots(答)(シ, ス, セソ)$$

となる。

①′に $x=2$ を代入して，P のシュートの高さは，

$$y = -\frac{5\sqrt{3}}{57} \cdot (-4) + 3 = 3 + \frac{20\overset{1.732\cdots}{\sqrt{3}}}{57}$$

$$\fallingdotseq 3 + \frac{20 \times 1.73}{57} \fallingdotseq 3.607$$

$$\underbrace{\qquad\qquad}_{\boxed{0.607}}$$

H のシュートの高さは約 **3.4** より，**P**(プロ選手)のシュートの高さの方がボール約 **1** 個分だけ大きい。

$$\therefore ⓪ \cdots\cdots\cdots\cdots\cdots\cdots\cdots(答)(夕)$$

$$⓪ \cdots\cdots\cdots\cdots\cdots\cdots\cdots(答)(チ)$$

第3問（選択問題）（配点 20）

番号によって区別された複数の球が，何本かのひもでつながれている。ただし，各ひもはその両端で二つの球をつなぐものとする。次の条件を満たす球の塗り分け方（以下，球の塗り方）を考える。

条件
・それぞれの球を，用意した**5**色（赤，青，黄，緑，紫）のうちのいずれか**1**色で塗る。
・**1**本のひもでつながれた二つの球は異なる色になるようにする。
・同じ色を何回使ってもよく，また使わない色があってもよい。

例えば図**A**では，三つの球が**2**本のひもでつながれている。この三つの球を塗るとき，球**1**の塗り方が**5**通りあり，球**1**を塗った後，球**2**の塗り方は**4**通りあり，さらに球**3**の塗り方は**4**通りある。したがって，球の塗り方の総数は**80**である。

図A

(1) 図**B**において，球の塗り方は $\boxed{アイウ}$ 通りある。

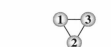
図B

(2) 図**C**において，球の塗り方は $\boxed{エオ}$ 通りある。

図C

(3) 図**D**における球の塗り方のうち，赤をちょうど**2**回使う塗り方は $\boxed{カキ}$ 通りである。

図D

(4) 図**E**における球の塗り方のうち，赤をちょうど**3**回使い，かつ青をちょうど**2**回使う塗り方は $\boxed{クケ}$ である。

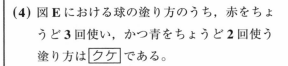
図E

(5) 図**D**において，球の塗り方の総数を求める。そのために，次の構想を立てる。

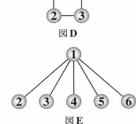
図D(再掲)

142

構想

図 D と図 F を比較する。

図 F

図 F では球 3 と球 4 が同色になる球の塗り方が可能であるため，図 D よりも図 F の球の塗り方の総数の方が大きい。

図 F における球の塗り方は，図 B における球の塗り方と同じであるため，全部で アイウ 通りある。そのうち球 3 と球 4 が同色になる球の塗り方の総数と一致する図として，後の⓪〜④のうち，正しいものは コ である。したがって，図 D における球の塗り方は サシス 通りある。

コ の解答群

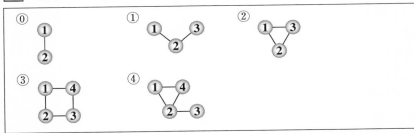

(6) 図 G において，球の塗り方は セソタチ 通りである。

図 G

ヒント！ 球の色分け問題であり，共通テストには珍しく導入もていねいに書かれているので，流れに乗って順に解いていけばいいんだね。15 分で完答を目指して頑張ろう！

解答＆解説

5 色による塗り方の各総数を求める。

(1) $5 \times 4 \times 4 \times 4$
①—②—③—④ 図 B
$5 \times 4 \times 4 \times 4$
$= 20 \times 16$
$= 320$ 通り…………(答)(アイウ)

(2) $5 \times 4 \times 3$
$= 60$ 通り
……(答)(エオ)
①③ 5 3
②× ×
4 図 C

(3) $2 \times 4 \times 4$
$= 32$ 通り
……(答)(カキ)

赤 ① ④ 4 通り
② ③
4 通り 赤

4 通り ① ④ 赤
② ③
赤 4 通り
図 D

(4) $3 \times {}_5C_2$

$= 3 \times \dfrac{5!}{2! \cdot 3!}$

$= 3 \times \dfrac{5 \cdot 4}{2 \cdot 1}$

$= 30$ 通り

……(答)(クケ)

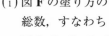

赤青以外の **3** 通り

5 個中 **3** 個に赤を
塗る方法は ${}_5C_2$ 通り
(他の **2** 個は青)

(5) 図 **D** の塗り方の
総数は,

(i) 図 **F** の塗り方の
総数,すなわち
図 **B** ①—②—③—④
の塗り方の数

$5 \times 4 \times 4 \times 4$
$= 320$ 通りから,

(ii) 図 **F** の③と④
が同色,すな
わち図 **C** の
塗り方の数

$5 \times 4 \times 3 = 60$
通りを
差し引いたものに等しい。

よって, ② …………(答)(コ)

$\therefore 320 - 60 = 260$ 通りである。

………(答)(サシス)

図 **D**

図 **F**

図 **C**

(6) 図 **G** の塗り方の総数
も(5)と同様に考え
ると,

(i) ①—②—③—④—⑤

$5 \times 4 \times 4 \times 4 \times 4$
$= 1280$ 通りから,

図 **G**

(ii)

同色

すなわち

の塗り方の総数 **260** 通りを
差し引いたものに等しい。

$\therefore 1280 - 260 = 1020$ 通り
である。………(答)(セソタチ)

第 4 問（選択問題）（配点 20）

　色のついた長方形を並べて正方形や長方形を作ることを考える。色のついた長方形は，向きを変えずにすき間なく並べることとし，色のついた長方形は十分あるものとする。

(1) 横の長さが **462** で縦の長さが **110** である赤い長方形を，図 1 のように並べて正方形や長方形を作ることを考える。

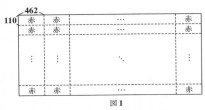

図1

　462 と **110** の両方を割り切る素数のうち最大のものは $\boxed{\text{アイ}}$ である。

　赤い長方形を並べて作ることができる正方形のうち，辺の長さが最小であるものは，一辺の長さが $\boxed{\text{ウエオカ}}$ のものである。

　また，赤い長方形を並べて正方形ではない長方形を作るとき，横の長さと縦の長さの差の絶対値が最小になるのは，**462** の約数と **110** の約数を考えると，差の絶対値が $\boxed{\text{キク}}$ になるときであることがわかる。

　縦の長さが横の長さより $\boxed{\text{キク}}$ 長い長方形のうち，横の長さが最小であるものは，横の長さが $\boxed{\text{ケコサシ}}$ のものである。

(2) 花子さんと太郎さんは，(1) で用いた赤い長方形を 1 枚以上並べて長方形を作り，その右側に横の長さが **363** で縦の長さが **154** である青い長方形を 1 枚以上並べて，図 2 のような正方形や長方形を作ることを考えている。

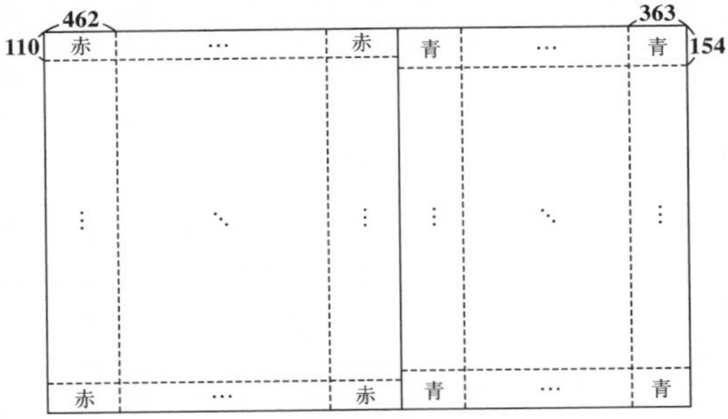

図2

このとき，赤い長方形を並べてできる長方形の縦の長さと，青い長方形を並べてできる長方形の縦の長さは等しい。よって，図**2**のような長方形のうち，縦の長さが最小のものは，縦の長さが $\boxed{スセソ}$ のものであり，図**2**のような長方形は縦の長さが $\boxed{スセソ}$ の倍数である。

二人は，次のように話している。

花子：赤い長方形と青い長方形を図**2**のように並べて正方形を作ってみようよ。

太郎：赤い長方形の横の長さが **462** で青い長方形の横の長さが **363** だから，図**2**のような正方形の横の長さは **462** と **363** を組み合わせて作ることができる長さでないといけないね。

花子：正方形だから，横の長さは $\boxed{スセソ}$ の倍数でもないといけないね。

462 と **363** の最大公約数は $\boxed{タチ}$ であり，$\boxed{タチ}$ の倍数のうちで $\boxed{スセソ}$ の倍数でもある最小の正の整数は $\boxed{ツテトナ}$ である。

これらのことと，使う長方形の枚数が赤い長方形も青い長方形も **1** 枚以上であることから，図**2**のような正方形のうち，辺の長さが最小であるものは，一辺の長さが $\boxed{ニヌネノ}$ のものであることがわかる。

> **ヒント！** 最小公倍数，最大公約数，**1** 次不定方程式…と盛り沢山の内容だから，制限時間 **15** 分で完答は難しいかもしれない。でも，解けるところまで解いていこう！

解答＆解説

(1)

```
 2) 462  110
11) 231   55
     21    5
```

赤い長方形
横 462 / 縦 110

よって，**462** と **110** を割り切る最大の素数は **11** である。…（答）（アイ）

この赤い長方形を並べてできる，辺の長さが最小の正方形の辺の長さは，

最小の正方形
横に **5** 個
たてに **21** 個

$2 \times 11 \times 21 \times 5 = 2310$ である。

$462 \times 5 = 110 \times 21$ ……（答）（ウエオカ）

次に，横の長さ **462**m，縦の長さ **110**n（m，n：自然数）の差は，

$462m - 110n = (21m - 5n) \times 22$ より，
22×21 / 22×5

> これが ± 1 のとき，差は最小値 **22** となる。

たて，横の差の絶対値の最小値は **22** である。……………（答）（キク）

たての長さ **110**x が横の長さ **462**y より **22** 長い長方形のうち，横の長さが最小のものを求めると，

$110x = 462y + 22$（x, y：自然数）
22×5 / 22×21

両辺を **22** で割って，

$5x - 21y = 1$ ……① ← 1次不定方程式

この解として，$(x, y) = (-4, -1)$

があるので，

$5 \cdot (-4) - 21 \cdot (-1) = 1$ ……②

①－②より，

$5(x+4) - 21 \cdot (y+1) = 0$

$5(x+4) = 21(y+1)$ ……③

③の左辺は **5** の倍数より，右辺も **5** の倍数である。しかし，**2** と **5** は互いに素より，$y+1$ が **5** の倍数 $y+1 = 5n$（n：整数）となる。

$\therefore y = 5n - 1$ より，$n = 1$ のとき，最小値 $y = 5 - 1 = 4$

よって，求める長方形の横の長さは，$462 \cdot 4 = 1848$ である。

……(答)(ケコサシ)

(2) **110×462** の赤い長方形と **154×363** の青い長方形を使って，下図のような正方形や長方形を作る。

よって，このような長方形(正方形)のたての長さは，**110** と **154** の最小公倍数 L の倍数となる。

よって，

$L = 2 \times 11 \times 5 \times 7$

$= 770$ ……(答)

(スセソ)

```
 2) 110  154
11)  55   77
      5    7
```

次に，**462** と **363** の最大公約数 g は，

$g = 3 \times 11$

$= 33$ である。

……(答)(タチ)

```
 3) 462  363
11) 154  121
     14   11
```

次に，**33** の倍数で，かつ **770** の倍数である数は，

$33x = 770y$（x, y：自然数）より，

$3x = 70y$　**3** と **70** は互いに素より，

$x = 70$，$y = 3$ のとき，最小となる。

$\therefore 33 \times 70 = 2310$ である。

……(答)(ツテトナ)

よって，自然数 α, β, n を用いると，**2** 種類の長方形からできる

正方形は，右上図のようになる。

よって，$462\alpha + 363\beta = 2310n$

$\underbrace{33 \times 14} \quad \underbrace{33 \times 11} \quad \underbrace{33 \times 70}$

よって，この両辺を **33** で割って，

$14\alpha + 11\beta = 70n$

$11\beta = 14(5n - \alpha)$ ……④

よって，**11** と **14** は互いに素より，

$\beta = 14m$（$m = 1, 2, 3, \cdots$）

これを④に代入して，

$11 \cdot 14m = 14(5n - \alpha)$

$11m = 5n - \alpha$

ここで，$m = 1$ のとき，

$11 = 5n - \alpha$　　$\alpha > 0$ より，

$n \geqq 3$

よって，$n = 3$ のとき，$\alpha = 4$ となる。

以上より，$n = 3$，$\alpha = 4$，$\beta = 14$ のとき，辺の長さが最小の正方形となり，一辺の長さは，$2310 \times 3 = 6930$ である。……(答)(ニヌネノ)

第 5 問 (選択問題) (配点 20)

(1) 円 **O** に対して,次の**手順 1** で作図を行う。

手順 1

(Step 1) 円 **O** と異なる **2** 点で交わり,中心 **O** を通らない直線 *l* を引く。円 **O** と直線 *l* との交点を **A**,**B** とし,線分 **AB** の中点 **C** をとる。

(Step 2) 円 **O** の周上に,点 **D** を ∠**COD** が鈍角となるようにとる。直線 **CD** を引き,円 **O** との交点で **D** とは異なる点を **E** とする。

(Step 3) 点 **D** を通り直線 **OC** に垂直な直線を引き,直線 **OC** との交点を **F** とし,円 **O** との交点で **D** とは異なる点を **G** とする。

(Step 4) 点 **G** における円 **O** の接線を引き,直線 *l* との交点を **H** とする。

このとき,直線 *l* と点 **D** の位置によらず,直線 **EH** は円 **O** の接線である。このことは,次の構想に基づいて,後のように説明できる。

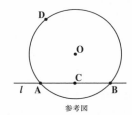

参考図

構想

直線 **EH** が円 **O** の接線であることを証明するためには,∠**OEH** = ⎡アイ⎤° であることを示せばよい。

手順 1 の **(Step 1)** と **(Step 4)** により,**4** 点 **C**,**G**,**H**,⎡ウ⎤ は同一円周上にあることがわかる。よって,∠**CHG** = ⎡エ⎤ である。一方,点 **E** は円 **O** の周上にあることから,⎡エ⎤ = ⎡オ⎤ がわかる。よって,∠**CHG** = ⎡オ⎤ であるので,**4** 点 **C**,**G**,**H**,⎡カ⎤ は同一円周上にある。この円が点 ⎡ウ⎤ を通ることにより,∠**OEH** = ⎡アイ⎤° を示すことができる。

⎡ウ⎤ の解答群

⓪ **B**	① **D**	② **F**	③ **O**

エ の解答群

| ⓪ ∠AFC | ① ∠CDF | ② ∠CGH | ③ ∠CBO | ④ ∠FOG |

オ の解答群

| ⓪ ∠AED | ① ∠ADE | ② ∠BOE | ③ ∠DEG | ④ ∠EOH |

カ の解答群

| ⓪ A | ① D | ② E | ③ F |

(2) 円 O に対して，(1)の**手順 1** とは直線 l の引き方を変え，次の**手順 2** で作図を行う。

手順 2

(Step 1) 円 O と共有点をもたない直線 l を引く。中心 O から直線 l に垂直な直線を引き，直線 l との交点を P とする。

(Step 2) 円 O の周上に，点 Q を ∠POQ が鈍角となるようにとる。直線 PQ を引き，円 O との交点で Q とは異なる点を R とする。

(Step 3) 点 Q を通り直線 OP に垂直な直線を引き，円 O との交点で Q とは異なる点を S とする。

(Step 4) 点 S における円 O の接線を引き，直線 l との交点を T とする。

このとき，∠PTS = **キ** である。

円 O の半径が $\sqrt{5}$ で，OT = $3\sqrt{6}$ であったとすると，3 点 O，P，R を通る円の半径は $\dfrac{\boxed{ク}\sqrt{\boxed{ケ}}}{\boxed{コ}}$ であり，RT = **サ** である。

キ の解答群

| ⓪ ∠PQS | ① ∠PST | ② ∠QPS | ③ ∠QRS | ④ ∠SRT |

ヒント！ 図を描きながら，円周角や円に内接する四角形を見つけて解いていこう。
(2) では，OT が 3 点 O，P，R を通る円の直径であることに気付くといいんだね。

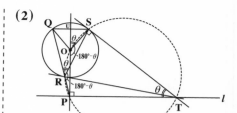

解答&解説

(1) ∠OEH = 90° であることを示す。

………(答)(アイ)

∠OGH = ∠OCH = 90° より，

4点C, G, H, O は同一円周上にある。

∴ ③ ……………………(答)(ウ)

円に内接する□OCHGの内対角

の和は180°になるので，

∠CHG = θ とおくと，

∠GOC = 180° − θ より，

∠FOG = θ となる。

∴ ∠CHG = ∠FOG より，

④ ……………………(答)(エ)

∠FOG = $\frac{1}{2}$∠DOG = ∠DEG ← 円周角

中心角

∴ ③ ……………………(答)(オ)

よって，∠CEG = ∠CHG ← 円周角

より，4点G, C, H, E は同一円周

上にある。∴ ② …………(答)(カ)

この円が点Oを通ることにより，

∠OEH = 90° となる。………(終)

□GOEHは円に内接する四角形である。∠OGH = 90° より，内対角の和は180°となるので，これから∠OEH = 90° となるんだね。

(2)

∠OST = ∠OPT = 90° より，

□OPTSは内対角の和が180°より，円に内接する四角形である。

よって，∠PTS = θ とおくと，

∠SOP = 180° − θ より，

∠UOS = θ = $\frac{1}{2}$∠QOS = ∠QRS

QSとOPの交点をUとおいた。

∴ ③ ……………………(答)(キ)

∠SRP = 180° − θ より，この□OPTS

の外接円は点Rを通る。∠OST = 90°

より，∠ORT = 90° ∴ RTは円Oの

接線である。

ここで，□ORTSについて考えると，

∠OST = ∠ORT = 90° より，OTはこの外接円の直径である。

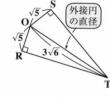

外接円の直径

∴この外接円の半径は$\frac{3\sqrt{6}}{2}$である。

………(答)(ク, ケ, コ)

□ORTSと△OPRの外接円は同じものである。

また，直角三角形ORTに三平方の定理を用いると，

RT² = $(3\sqrt{6})^2 − (\sqrt{5})^2 = 54 − 5 = 49$

∴ RT = $\sqrt{49}$ = 7 である。…(答)(サ)

150

第 1 問（必答問題）（配点 30）

[1] 不等式 $n < 2\sqrt{13} < n+1$ ……① を満たす整数 n は $\boxed{\text{ア}}$ である。

実数 a, b を，$a = 2\sqrt{13} - \boxed{\text{ア}}$ ……②　$b = \dfrac{1}{a}$ ……③ で定める。

このとき，$b = \dfrac{\boxed{\text{イ}} + 2\sqrt{13}}{\boxed{\text{ウ}}}$ ……④ である。また，

$a^2 - 9b^2 = \boxed{\text{エオカ}}\sqrt{13}$ である。

①から，$\dfrac{\boxed{\text{ア}}}{2} < \sqrt{13} < \dfrac{\boxed{\text{ア}}+1}{2}$ ……⑤ が成り立つ。

太郎さんと花子さんは，$\sqrt{13}$ について話している。

> 太郎：⑤から $\sqrt{13}$ のおよその値がわかるけど，小数点以下はよく
>   わからないね。
> 花子：小数点以下をもう少し詳しく調べることができないかな。

①と④から $\dfrac{m}{\boxed{\text{ウ}}} < b < \dfrac{m+1}{\boxed{\text{ウ}}}$ を満たす整数 m は $\boxed{\text{キク}}$ となる。

よって，③から $\dfrac{\boxed{\text{ウ}}}{m+1} < a < \dfrac{\boxed{\text{ウ}}}{m}$ ……⑥ が成り立つ。

$\sqrt{13}$ の整数部分は $\boxed{\text{ケ}}$ であり，②と⑥を使えば $\sqrt{13}$ の小数第 1 位の数字は $\boxed{\text{コ}}$，小数第 2 位の数字は $\boxed{\text{サ}}$ であることがわかる。

ヒント！ 無理数 $\sqrt{13}$ の小数第 2 位までを求めさせる問題だ。導入に従って解いていけばいいんだけれど，分かりづらいので，前に導いた式を基に考えていくようにしよう。

解答＆解説

[1] $n < 2\sqrt{13} < n+1$ ……①（n：正の整数）

①の各辺は正より，各辺を2乗して，

$n^2 < 52 < (n+1)^2$ ……①′

よって，①′をみたす正の整数 n は，

$n = 7$ ……(答)(ア)

ここで，

$\begin{cases} a = 2\sqrt{13} - 7 & \cdots\cdots ② \\ b = \dfrac{1}{a} & \cdots\cdots ③ \end{cases}$ とおくと，

$b = \dfrac{1}{2\sqrt{13}-7} = \dfrac{2\sqrt{13}+7}{\underset{(52-49=3)}{(2\sqrt{13}-7)(2\sqrt{13}+7)}}$

分子・分母に $2\sqrt{13}+7$ をかけた。

$\therefore b = \dfrac{7+2\sqrt{13}}{3}$ ……④　……(答)(イ，ウ)

$a^2 - 9b^2 = (2\sqrt{13} - 7)^2 - (2\sqrt{13} + 7)^2$
$= (2\sqrt{13} - 7 + 2\sqrt{13} + 7)(2\sqrt{13} - 7 - 2\sqrt{13} - 7)$
$= 4\sqrt{13} \times (-14) = -56\sqrt{13}$

……(答)(エオカ)

$7 < 2\sqrt{13} < 8$ ……① より, ← ①に $n = 7$ を代入

$\dfrac{7}{2} < \sqrt{13} < 4$ ……⑤ が成り立つ。

さらに, $\sqrt{13}$ の値を詳しく調べるために, ①′ と④を用いる。①′ の各辺に 7 をたして,

$14 < 7 + 2\sqrt{13} < 15$

3 で割ると,

$\dfrac{14}{3} < \dfrac{7 + 2\sqrt{13}}{3} < \boxed{5}^{\frac{14+1}{3}}$ より,

$\overset{m}{\boxed{\dfrac{14}{3}}} < b < \overset{m}{\boxed{\dfrac{14}{3}}} + 1$ $\cdots$⑤′ となる。

$\therefore m = 14$ …………………(答)(キク)

$\dfrac{14}{3} < b < 5$ …⑤′ の各辺の逆数をとると, 不等号の向きが変わるので,

$\dfrac{1}{5} < \underset{\boxed{a}}{\dfrac{1}{b}} < \dfrac{3}{14}$

$0.2 < a < 0.214\cdots$ ←
$\underset{\boxed{2\sqrt{13}-7}}{}$

$\begin{array}{r} 0.214\cdots \\ 14\overline{)30} \\ 28 \\ \hline 20 \\ 14 \\ \hline 60 \\ 56 \\ \hline 4 \end{array}$

これに $a = 2\sqrt{13} - 7$ を代入すると,
$0.2 < 2\sqrt{13} - 7 < 0.214\cdots$
$7.2 < 2\sqrt{13} < 7.214\cdots$
$3.6 < \sqrt{13} < 3.607\cdots$
よって, $\sqrt{13} = 3.60\cdots$ となる。
これから, $\sqrt{13}$ の
整数部分は 3, 小数第 1 位は 6,
小数第 2 位は 0 である。

……(答)(ケ, コ, サ)

以下の問題を解答するにあたっては，必要に応じてこの後に示す三角比の表を用いてもよい。

　水平な地面 (以下，地面) に垂直に立っている電柱の高さを，その影の長さと太陽高度を利用して求めよう。

　図1のように，電柱の影の先端は坂の斜面 (以下，坂) にあるとする。また，坂には傾斜を表す道路標識が設置されていて，そこには **7%** と表示されているとする。

　電柱の太さと影の幅は無視して考えるものとする。また，地面と坂は平面であるとし，地面と坂が交わってできる直線を l とする。

　電柱の先端を点 **A** とし，根もとを点 **B** とする。電柱の影について，地面にある部分を線分 **BC** とし，坂にある部分を線分 **CD** とする。線分 **BC**，**CD** がそれぞれ l と垂直であるとき，電柱の影は坂に向かってまっすぐにのびているということにする。

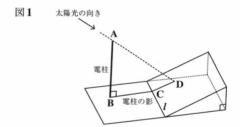

図1　太陽光の向き

　電柱の影が坂に向かってまっすぐにのびているとする。このとき，4点 **A**，**B**，**C**，**D** を通る平面は l と垂直である。その平面において，図2のように，直線 **AD** と直線 **BC** の交点を **P** とすると，太陽高度とは $\angle APB$ の大きさのことである。

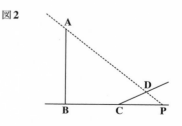

図2

道路標識の **7％** という表示は，この坂をのぼったとき，**100m** の水平距離に対して **7m** の割合で高くなることを示している。n を **1** 以上 **9** 以下の整数とするとき，坂の傾斜角 ∠**DCP** の大きさについて，
$n° <$ ∠**DCP** $< n° +1°$ を満たす n の値は $\boxed{シ}$ である。
以下では，∠**DCP** の大きさは，ちょうど $\boxed{シ}°$ であるとする。

ある日，電柱の影が坂に向かってまっすぐにのびていたとき，影の長さを調べたところ **BC ＝ 7m**，**CD ＝ 4m** であり，太陽高度は ∠**APB** **＝ 45°** であった。点 **D** から直線 **AB** に垂直な直線を引き，直線 **AB** との交点を **E** とするとき，

BE $= \boxed{ス} \times \boxed{セ}$ **m** であり，

DE $= \left(\boxed{ソ} + \boxed{タ} \times \boxed{チ} \right)$ **m**

である。よって，電柱の高さは，小数第 **2** 位で四捨五入すると $\boxed{ツ}$ **m** であることがわかる。

$\boxed{セ}$，$\boxed{チ}$ の解答群 (同じものを繰り返し選んでもよい。)

⓪ $\sin$ ∠**DCP**	① $\dfrac{1}{\sin \angle \mathbf{DCP}}$	② $\cos$ ∠**DCP**
③ $\dfrac{1}{\cos \angle \mathbf{DCP}}$	④ $\tan$ ∠**DCP**	⑤ $\dfrac{1}{\tan \angle \mathbf{DCP}}$

$\boxed{ツ}$ の解答群

⓪ 10.4	① 10.7	② 11.0
③ 11.3	④ 11.6	⑤ 11.9

別の日，電柱の影が坂に向かってまっすぐにのびていたときの太陽高度は ∠**APB ＝ 42°** であった。電柱の高さがわかったので，前回調べた日からの影の長さの変化を知ることができる。電柱の影について，坂にある部分の長さは，

$$\mathbf{CD} = \frac{\mathbf{AB} - \boxed{テ} \times \boxed{ト}}{\boxed{ナ} + \boxed{ニ} \times \boxed{ト}} \mathbf{m}$$

である。**AB**=$\boxed{ツ}$**m** として，これを計算することにより，この日の電柱の影について，坂にある部分の長さは，前回調べた **4m** より約 **1.2m** だけ長いことがわかる。

$\boxed{ト}$～$\boxed{二}$ の解答群 (同じものを繰り返し選んでもよい。)

⓪ sin∠DCP	① cos∠DCP	② tan∠DCP
③ sin42°	④ cos42°	⑤ tan42°

三角比の表

角	正弦 (sin)	余弦 (cos)	正接 (tan)	角	正弦 (sin)	余弦 (cos)	正接 (tan)
0°	0.0000	1.0000	0.0000	…	………	………	………
1°	0.0175	0.9998	0.0175	41°	0.6561	0.7547	0.8693
2°	0.0349	0.9994	0.0349	42°	0.6691	0.7431	0.9004
3°	0.0523	0.9986	0.0524	43°	0.6820	0.7314	0.9325
4°	0.0698	0.9976	0.0699	44°	0.6947	0.7193	0.9657
5°	0.0872	0.9962	0.0875	45°	0.7071	0.7071	1.0000
…	………	………	………				

ヒント！ 三角比と図形の融合問題になっている。三角比の表を利用することになるし，文章も例によって冗長だけれど，問題のレベルは高くはないので，図を描きながら解いていけば簡単に解けるはずだ。

解答＆解説

[2]（ⅰ）太陽高度が **45°** のとき，

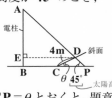

∠DCP＝θ とおくと，題意より，

$$\tan\theta=\frac{7}{100}=0.07$$

三角比の表より，**tan4°＝0.0699**，**tan5°＝0.0875** より，

tan4°＜tanθ＜tan5° となる。よって，

$$4°<\underbrace{∠DCP}_{\theta}<5°$$

∴ **n＝4** …………………(答)（シ）

以降，θ＝**4°** とする。

D から **AB** に下した垂線の足を **E**，**D** から **BP** に下した垂線の足を **F** とおく。

CD＝4 であり，**CF＝x**，**DF＝y** とおくと，

$$\frac{x}{4}=\cos\theta,\quad \frac{y}{4}=\sin\theta\ より，$$

$$\begin{cases} x=4\cos\theta=4\cdot\cos4°≒4\times1=4 \\ y=4\cdot\sin\theta=4\cdot\sin4°≒4\times0.07=0.28 \end{cases}$$

よって，y＝**BE**＝$4\cdot\sin\theta$＝$4\cdot\sin∠DCP$(m)

………(答)（ス）

∴ ⓪ …………………(答)（セ）

また，

DE＝FB である。

よって，

$$x=4\cos\theta$$

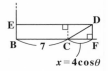

156

$DE = 7 + 4\cos\theta$ (m)

$\cdots\cdots\cdots$ (答)(ソ, タ)

$\therefore$ ② $\cdots\cdots\cdots\cdots\cdots\cdots$ (答)(チ)

以上より、
電柱 AB
の高さは、

AB

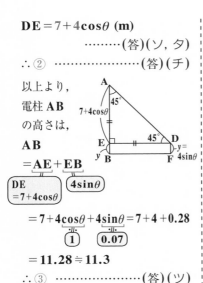

$= AE + EB$

DE	4sinθ
$=7+4\cos\theta$	

$$= 7 + 4\cos\theta + 4\sin\theta = 7 + \underset{\boxed{1}}{4} + \underset{\boxed{0.07}}{0.28}$$

$= 11.28 \fallingdotseq 11.3$

$\therefore$ ③ $\cdots\cdots\cdots\cdots\cdots$ (答)(ツ)

(ⅱ) 太陽高度が $42°$ のとき、

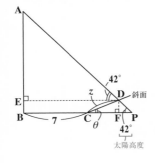

ここで、$CD = z$ とおくと、

AB

$= AE + EB$

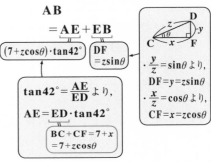

$(7+z\cos\theta)\cdot\tan42°$	DF
	$=z\sin\theta$

$\tan42° = \dfrac{AE}{ED}$ より、

$AE = ED\cdot\tan42°$

$BC + CF = 7 + x$
$= 7 + z\cos\theta$

・$\dfrac{y}{z} = \sin\theta$ より、

$DF = y = z\sin\theta$

・$\dfrac{x}{z} = \cos\theta$ より、

$CF = x = z\cos\theta$

よって、

$AB = (7+z\cos\theta)\cdot\tan42° + z\sin\theta$

より、

これを $z(=CD)$ でまとめると、

$(\sin\theta + \cos\theta\cdot\tan42°)\cdot z = AB - 7\tan42°$

$\therefore z = CD = \dfrac{AB - 7\times\tan42°}{\sin\theta + \cos\theta\times\tan42°}$

$\cdots\cdots\cdots$ (答)(テ)

$\therefore$ ⑤, ⓪, ① $\cdots$(答)(ト, ナ, ニ)

[1]　座標平面上に **4** 点 **O(0, 0)**, **A(6, 0)**, **B(4, 6)**, **C(0, 6)** を頂点とする台形 **OABC** がある。また，この座標平面上で，点 **P**, **Q** は次の**規則**に従って移動する。

> ┌─ **規則** ─────────────────────
> ・**P** は，**O** から出発して毎秒 **1** の一定の速さで **x** 軸上を正の向きに **A** まで移動し，**A** に到達した時点で移動を終了する。
> ・**Q** は，**C** から出発して **y** 軸上を負の向きに **O** まで移動し，**O** に到達した後は **y** 軸上を正の向きに **C** まで移動する。そして，**C** に到達した時点で移動を終了する。ただし，**Q** は毎秒 **2** の一定の速さで移動する。
> ・**P**, **Q** は同時刻に移動を開始する。

　この**規則**に従って **P**, **Q** が移動するとき，**P**, **Q** はそれぞれ **A**, **C** に同時刻に到達し，移動を終了する。

　以下において，**P**, **Q** が移動を開始する時刻を**開始時刻**，移動を終了する時刻を**終了時刻**とする。

(1) **開始時刻**から **1** 秒後の △**PBQ** の面積は $\boxed{ア}$ である。

(2) **開始時刻**から **3** 秒間の △**PBQ** の面積について，面積の最小値は $\boxed{イ}$ であり最大値は $\boxed{ウエ}$ である。

(3) **開始時刻**から**終了時刻**までの △**PBQ** の面積について，面積の最小値は $\boxed{オ}$ であり，最大値は $\boxed{カキ}$ である。

(4) **開始時刻**から**終了時刻**までの △**PBQ** の面積について，面積が **10** 以下となる時間は $\left(\boxed{ク} - \sqrt{\boxed{ケ}} + \sqrt{\boxed{コ}} \right)$ 秒間である。

> ┌ ヒント！ ┐ **2** つの動点 **P**, **Q** と定点 **B** とで作られる △**PBQ** の面積の変化を調べる **2** 次関数の問題なんだね。**6** 秒間に，**P** は **O→A** に，**Q** は **C→O→C** と移動することに気を付けよう。

┌─ **解答 & 解説** ─┐

[1] **0→6** 秒の間に，
　・動点 **P** は，**O→A** に，毎秒 **1** の

　速さで移動し，
　・動点 **Q** は，**C→O→C** と，毎秒 **2** の速さで移動する。
　よって，時刻 **x** は，(i) **0→3** 秒と，

（ⅱ）**3→6** 秒の **2** 通りに場合分けして調べる。

（ⅰ）時刻 $x : 0 \to 3$ 秒のとき、右図に示すように、動点 P, Q の座標は、$(x, 0)$ と $(0, 6-2x)$ となる。よって、$\triangle PBQ$ の面積を $y = f(x)$ とおくと、

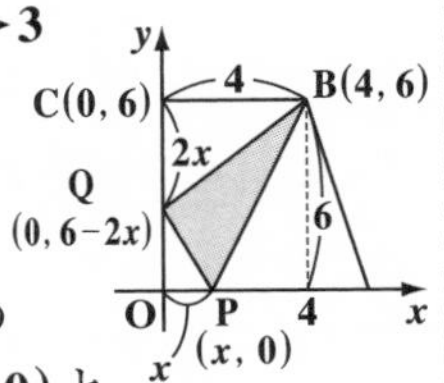

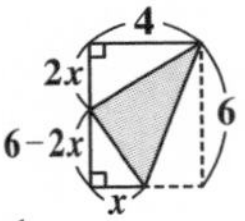

$$y = f(x)$$
$$= \frac{1}{2}(4+x)\cdot 6 - \frac{1}{2}\cdot 2x \cdot 4 - \frac{1}{2}\cdot x \cdot (6-2x)$$

$$\left[\ \diagdown\!\square\ -\ \triangledown\ -\ \triangle\ \right]$$

$$= 12 + 3x - 4x - 3x + x^2$$
$$= x^2 - 4x + 12$$
$$\therefore y = f(x) = (x-2)^2 + 8$$
$$(0 \leqq x \leqq 3)\ となる。$$

よって、

(1) $y = f(1)$
$\quad\quad = 1 + 8$
$\quad\quad = 9$
$\quad\quad \cdots$（答）（ア）

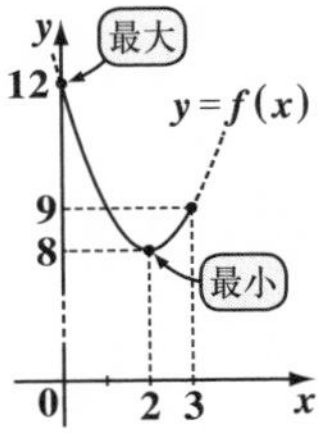

(2) $0 \leqq x \leqq 3$
のとき、
y の最小値と最大値は、
最小値 $f(2) = 8$ $\cdots$（答）（イ）
最大値 $f(0) = 12$
$\quad\quad\quad \cdots$（答）（ウエ）

（ⅱ）時刻 $x : 3 \to 6$ 秒のとき、右図に示すように、動点 P, Q の座標は、

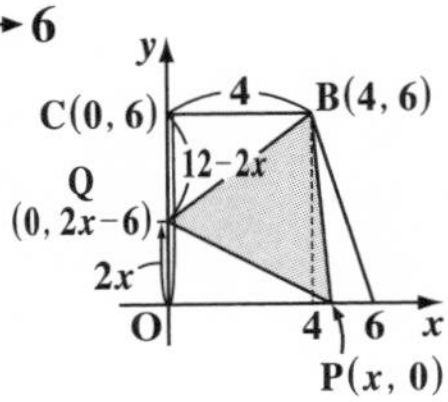

$P(x, 0)$, $Q(0, 2x-6)$
となり、また、
$$CQ = 6 - (2x-6) = 12 - 2x$$
となる。よって、$\triangle PBQ$ の面積 $y = f(x)$ は、

$$y = f(x)$$
$$= \frac{1}{2}(4+x)\cdot 6 - \frac{1}{2}\cdot(12-2x)\cdot 4 - \frac{1}{2}\cdot x \cdot(2x-6)$$

$$\left[\ \diagdown\!\square\ -\ \triangledown\ -\ \triangle\ \right]$$

$$= 12 + 3x - 24 + 4x - x^2 + 3x$$
$$= -x^2 + 10x - 12$$
$$= -(x-5)^2 + 13 \quad (3 \leqq x \leqq 6)$$

(3) 以上（ⅰ）（ⅱ）より、$0 \leqq x \leqq 6$ における y の最小値と最大値は、 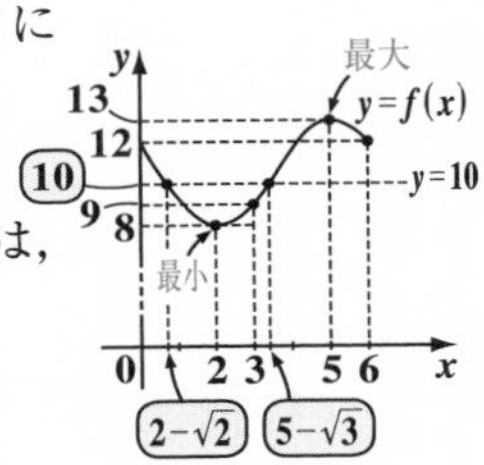
最小値
$f(2) = 8$
最大値
$f(5) = 13 \cdots$（答）（オ, カキ）

(4) （ア）$0 \leqq x \leqq 3$ のとき、
$$f(x) = \boxed{(x-2)^2 + 8 = 10}$$
を解くと、
$$(x-2)^2 = 2,\ x-2 = \pm\sqrt{2}$$
$$\therefore x = 2 - \sqrt{2}\ (\because 0 \leqq x \leqq 3)$$

（イ）$3 \leqq x \leqq 6$ のとき、
$$f(x) = \boxed{-(x-5)^2 + 13 = 10}$$
を解くと、
$$(x-5)^2 = 3,\ x-5 = \pm\sqrt{3}$$
$$\therefore x = 5 - \sqrt{3}\ (\because 3 \leqq x \leqq 6)$$

以上（ア）（イ）と、上のグラフより、$y \leqq 10$ となる時間は、
$$5 - \sqrt{3} - (2 - \sqrt{2}) = 3 - \sqrt{3} + \sqrt{2}$$
秒である。$\cdots$（答）（ク, ケ, コ）

[2] 高校の陸上部で長距離競技の選手として活躍する太郎さんは，長距離競技の公認記録が掲載されている**Web**ページを見つけた。この**Web**ページでは，各選手における公認記録のうち最も速いものが掲載されている。その**Web**ページに掲載されている，ある選手のある長距離競技での公認記録を，その選手のその競技でのベストタイムということにする。

　なお，以下の図や表については，ベースボール・マガジン社「陸上競技ランキング」の**Web**ページをもとに作成している。

(1)　太郎さんは，男子マラソンの日本人選手の**2022**年末時点でのベストタイムを調べた。その中で，**2018**年より前にベストタイムを出した選手と**2018**年以降にベストタイムを出した選手に分け，それぞれにおいて速い方から**50**人の選手のベストタイムをデータ**A**，データ**B**とした。

　　ここでは，マラソンのベストタイムは，実績のベストタイムから**2**時間を引いた時間を秒単位で表したものとする。例えば**2**時間**5**分**30**秒であれば，**60×5＋30＝330**(秒)となる。

(ⅰ)　図**1**と図**2**はそれぞれ，階級の幅を**30**秒とした**A**と**B**のヒストグラムである。なお，ヒストグラムの各階級の区間は，左側の数値を含み，右側の数値を含まない。

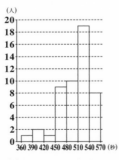

図**1**　**A**のヒストグラム

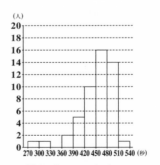

図**2**　**B**のヒストグラム

　図**1**から**A**の最頻値は階級 サ の階級値である。また，図**2**から**B**の中央値が含まれる階級は シ である。

サ , シ の解答群 (同じものを繰り返し選んでもよい。)

⓪ **270** 以上 **300** 未満	① **300** 以上 **330** 未満
② **330** 以上 **360** 未満	③ **360** 以上 **390** 未満
④ **390** 以上 **420** 未満	⑤ **420** 以上 **450** 未満
⑥ **450** 以上 **480** 未満	⑦ **480** 以上 **510** 未満
⑧ **510** 以上 **540** 未満	⑨ **540** 以上 **570** 未満

ヒント！ くだらない冗長な表現は読み飛ばして，必要な部分のみを押さえながら，制限時間内で出来るだけ得点するように心がけよう。最頻値はヒストグラムから明らかだね。

解答＆解説

最頻値とは，ヒストグラムの最大度数 ┊ の階級値のことなので，

∴ ⑧ , ⑥ ……………………(答)(サ，シ)

(ii) 図**3**は，**A**，**B**それぞれの箱ひげ図を並べたものである。ただし，中央値を表す線は省いている。

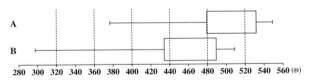

図3　**A**と**B**の箱ひげ図

　図**3**より次のことが読み取れる。ただし，**A**，**B**それぞれにおける，速い方から**13**番目の選手は，一人ずつとする。

・**B**の速い方から**13**番目の選手のベストタイムは，**A**の速い方から**13**番目の選手のベストタイムより，およそ ス 秒速い。

・**A**の四分位範囲から**B**の四分位範囲を引いた差の絶対値は セ である。

　ス については，最も適当なものを，次の⓪～⑤のうちから一つ選べ。

⓪ **5**	① **15**	② **25**	③ **35**	④ **45**	⑤ **55**

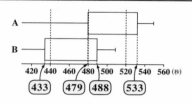

(読取りに，多少の差は出ると思う。)

・**A** と **B** の第 **1** 四分位数は，**479** と **433**
479 − 433 = 46 ∴ ④ ……(答)(ス)
・**A** と **B** の四分位範囲はそれぞれ
(A) **533 − 479 = 54**
(B) **488 − 433 = 55**
よって，これらの差の絶対値は **1**
∴ ⓪ ………………………………(答)(セ)

(iii)　太郎さんは，**A** のある選手と **B** のある選手のベストタイムの比較において，その二人の選手のベストタイムが速いか遅いかとは別の観点でも考えるために，次の式を満たす z の値を用いて判断することにした。

式　(あるデータのある選手のベストタイム) ＝
　　(そのデータの平均値) ＋ z ×(そのデータの標準偏差)

　　二人の選手それぞれのベストタイムに対する z の値を比較し，その値の小さい選手の方が優れていると判断する。

　　表**1** は，**A**，**B** それぞれにおける，速い方から **1** 番目の選手(以下，**1** 位の選手)のベストタイムと，データの平均と標準偏差をまとめたものである。

表**1**　**1** 位の選手のベストタイム，平均値，標準偏差

データ	1位の選手のベストタイム	平均値	標準偏差
A	**376**	**504**	**40**
B	**296**	**454**	**45**

　　式と表**1** を用いると，**B** の **1** 位の選手のベストタイムに対する z の値は

$z = -$ ソ **.** タチ

162

である。このことから，**B** の **1** 位の選手のベストタイムは，平均値より標準偏差のおよそ ソ . タチ 倍だけ小さいことがわかる。

A，**B** それぞれにおける，**1** 位の選手についての記述として，次の ⓪ ～ ③ のうち正しいものは ツ である。

ツ の解答群

⓪ ベストタイムで比較すると **A** の **1** 位の選手の方が速く，z の値で比較すると **A** の **1** 位の選手の方が優れている。

① ベストタイムで比較すると **B** の **1** 位の選手の方が速く，z の値で比較すると **B** の **1** 位の選手の方が優れている。

② ベストタイムで比較すると **A** の **1** 位の選手の方が速く，z の値で比較すると **B** の **1** 位の選手の方が優れている。

③ ベストタイムで比較すると **B** の **1** 位の選手の方が速く，z の値で比較すると **A** の **1** 位の選手の方が優れている。

(iii) **A**, **B** 1 位の選手の z の値を求めると

(A) $376 = 504 + z \cdot 40$ より，

$$z = \frac{376 - 504}{40} = -\frac{128}{40} = -\frac{16}{5}$$

$$= -3.2$$

(B) $296 = 454 + z \cdot 45$ より，

$$z = \frac{296 - 454}{45} = -\frac{158}{45}$$

$$= -3.51 \cdots\cdots (答)(ソ，タチ)$$

よって，ベストタイムでも z の値でも **B** の **1** 位の選手の方が優れている。

$$\therefore ① \cdots\cdots\cdots\cdots\cdots\cdots (答)(ツ)$$

(2) 太郎さんは，マラソン，**10000m**，**5000m** のベストタイムに関連がないかを調べることにした。そのために，**2022** 年末時点でのこれら **3** 種目のベストタイムをすべて確認できた日本人男子選手のうち，マラソンのベストタイムが速い方から **50** 人を選んだ。

図**4**と図**5**はそれぞれ，選んだ **50** 人についてのマラソンと**10000m**のベストタイム，**5000m**と**10000m**のベストタイムの散布図である。ただし，**5000m**と**10000m**のベストタイムは秒単位で表し，マラソン

のベストタイムは (1) の場合と同様，実際のベストタイムから 2 時間を引いた時間を秒単位で表したものとする。なお，これらの散布図には，完全に重なっている点はない。

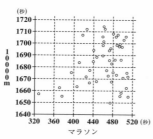

図4 マラソンと10000mの散布図

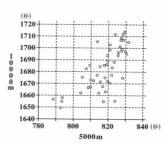

図5 5000mと10000mの散布図

(a) マラソンのベストタイムの速い方から **3** 番目までの選手の **10000m** のベストタイムは，**3** 選手とも **1670** 秒未満である。

(b) マラソンと **10000m** の間の相関は，**5000m** と **10000m** の間の相関より強い。

(a)，**(b)** の正誤の組合せとして正しいものは 　テ　 である。

　テ　 の解答群

	⓪	①	②	③
(a)	正	正	誤	誤
(b)	正	誤	正	誤

(a) 図**4**より，マラソンの上位**3**人の選手の**10000m**のベストタイムはいずれも**1670**秒未満である。
∴ 正

(b) 図**4**より図**5**の正の相関の方が明らかに強い。∴ 誤

∴ ① ⋯⋯⋯⋯⋯⋯⋯⋯⋯(答) (テ)

第3問（選択問題）（配点 20）

箱の中にカードが2枚以上入っており，それぞれのカードにはアルファベットが1文字だけ書かれている。この箱の中からカードを1枚取り出し，書かれているアルファベットを確認してからもとに戻すという試行を繰り返し行う。

(1) 箱の中に $\boxed{A}$，$\boxed{B}$ のカードが1枚ずつ全部で2枚入っている場合を考える。

以下では，2以上の自然数 n に対し，n 回の試行で A，B がそろっているとは，n 回の試行で $\boxed{A}$，$\boxed{B}$ のそれぞれが少なくとも1回は取り出されることを意味する。

（ⅰ）2回の試行で A，B がそろっている確率は $\dfrac{\boxed{ア}}{\boxed{イ}}$ である。

（ⅱ）3回の試行で A，B がそろっている確率を求める。

例えば，3回の試行のうち $\boxed{A}$ を1回，$\boxed{B}$ を2回取り出す取り出し方は3通りあり，それらをすべて挙げると次のようになる。

1回目	2回目	3回目
$\boxed{A}$	$\boxed{B}$	$\boxed{B}$
$\boxed{B}$	$\boxed{A}$	$\boxed{B}$
$\boxed{B}$	$\boxed{B}$	$\boxed{A}$

このように考えることにより，3回の試行で A，B がそろっている取り出し方は $\boxed{ウ}$ 通りあることがわかる。よって，3回の試行で A，B がそろっている確率は $\dfrac{\boxed{ウ}}{2^3}$ である。

（ⅲ）4回の試行で A，B がそろっている取り出し方は $\boxed{エオ}$ 通りある。よって，4回の試行で A，B がそろっている確率は $\dfrac{\boxed{カ}}{\boxed{キ}}$ である。

(2) 箱の中に $\boxed{A}$，$\boxed{B}$，$\boxed{C}$ のカードが1枚ずつ全部で3枚入っている場合を考える。

以下では，3以上の自然数 n に対し，n 回目の試行で初めて A，B，C がそろうとは，n 回の試行で $\boxed{A}$，$\boxed{B}$，$\boxed{C}$ のそれぞれが少なくとも1回は取

り出され，かつ $\boxed{A}$, $\boxed{B}$, $\boxed{C}$ のうちいずれか 1 枚が n 回目の試行で初めて取り出されることを意味する。

(ⅰ) 3 回目の試行で初めて A, B, C がそろう取り出し方は $\boxed{\text{ク}}$ 通りある。

よって，3 回目の試行で初めて A, B, C がそろう確率は $\dfrac{\boxed{\text{ク}}}{3^3}$ である。

(ⅱ) 4 回目の試行で初めて A, B, C がそろう確率を求める。

4 回目の試行で初めて A, B, C がそろう取り出し方は，(1) の (ⅱ) を振り返ることにより，$3 \times \boxed{\text{ウ}}$ 通りあることがわかる。よって，4 回目の試行で初めて A, B, C がそろう確率は $\dfrac{\boxed{\text{ケ}}}{\boxed{\text{コ}}}$ である。

(ⅲ) 5 回目の試行で初めて A, B, C がそろう取り出し方は $\boxed{\text{サシ}}$ 通りある。

よって，5 回目の試行で初めて A, B, C がそろう確率は $\dfrac{\boxed{\text{サシ}}}{3^5}$ である。

(3) 箱の中に $\boxed{A}$, $\boxed{B}$, $\boxed{C}$, $\boxed{D}$ のカードが 1 枚ずつ全部で 4 枚入っている場合を考える。

以下では，6 回目の試行で初めて A, B, C, D がそろうとは，6 回の試行で $\boxed{A}$, $\boxed{B}$, $\boxed{C}$, $\boxed{D}$ のそれぞれが少なくとも 1 回は取り出され，かつ $\boxed{A}$, $\boxed{B}$, $\boxed{C}$, $\boxed{D}$ のうちいずれか 1 枚が 6 回目の試行で初めて取り出されることを意味する。

また，3 以上 5 以下の自然数 n に対し，6 回の試行のうち n 回目の試行で初めて A, B, C だけがそろうとは，6 回の試行のうち 1 回目から n 回目の試行で，$\boxed{A}$, $\boxed{B}$, $\boxed{C}$ のそれぞれが少なくとも 1 回は取り出され，$\boxed{D}$ は 1 回も取り出されず，かつ $\boxed{A}$, $\boxed{B}$, $\boxed{C}$ のうちいずれか 1 枚が n 回目の試行で初めて取り出されることを意味する。6 回の試行のうち n 回目の試行で初めて B, C, D だけがそろうなども同様に定める。

太郎さんと花子さんは，6 回目の試行で初めて A, B, C, D がそろう確率について考えている。

166

太郎：例えば，**5** 回目までに A，B，C のそれぞれが少なくとも **1** 回は取り出され，かつ **6** 回目に初めて D が取り出される場合を考えたら計算できそうだね。

花子：それなら，初めて **A，B，C** だけがそろうのが，**3** 回目のとき，**4** 回目のとき，**5** 回目のときで分けて考えてみてはどうかな。

    6 回の試行のうち **3** 回目の試行で初めて **A，B，C** だけがそろう取り出し方が ク 通りであることに注意すると，「**6** 回の試行のうち **3** 回目の試行で初めて **A，B，C** だけがそろい，かつ **6** 回目の試行で初めて D が取り出される」取り出し方は スセ 通りあることがわかる。

    同じように考えると，「**6** 回の試行のうち **4** 回目の試行で初めて **A，B，C** だけがそろい，かつ **6** 回目の試行で初めて D が取り出される」取り出し方は ソタ 通りあることもわかる。

    以上のように考えることにより，**6** 回目の試行で初めて **A，B，C，D** がそろう確率は $\dfrac{チツ}{テトナ}$ であることがわかる。

> ヒント！ 確率計算の標準問題であり，導入も適切なんだけれど，制限時間 **14** 分で完答するには難しい程，長い問題になっている。したがって，この問題を選択した場合，「時間内に解けるところまで解く」という気構えでいくといいんだね。

(1) A，B **2** 枚のカードについて，

  （ i ）**2** 回の試行で，**A，B** がそろっている確率は，全通り数が 2^2 通りの内，順に **(A, B)，(B, A)** の **2** 通りより，

$$\dfrac{2}{2^2} = \dfrac{1}{2}$$ である。…（答）（ア，イ）

(A, A)，(A, B)，(B, A)，(B, B) の 2^2 通り

  （ ii ）**3** 回の試行で，**A，B** がそろっている確率を求める。

    （ア）**A1** 回，**B2** 回のときの取り出し方は，順に **(A, B, B)**，

(B, A, B)，(B, B, A) の **3**$(=_3C_1)$ 通りであり，

（イ）**A2** 回，**B1** 回の取り出し方も，同様に **3**$(=_3C_2)$ 通りとなる。

よって，（ア），（イ）より，**6** 通りとなる。………………（答）（ウ）
求める確率は，全場合の数が 2^3 より，

$$\dfrac{2 \times 3}{2^3} = \dfrac{6}{2^3} = \dfrac{3}{4}$$

> (○, ○, ○)の○は，いずれも，A，B の **2** 通りより，2^3 通りとなる。

167

(iii) 4回の試行で, **A**, **B** がそろう
取り出し方は,

(ア) **A** 1回, **B** 3回で, $_4C_1 = 4$ 通り

(イ) **A** 2回, **B** 2回で, $_4C_2 = 6$ 通り

(ウ) **A** 3回, **B** 1回で, $_4C_3 = 4$ 通り

よって, $4 + 6 + 4 = 14$ 通り

……(答)(エオ)

∴ このときの確率は,

$$\frac{14}{2^4} = \frac{14}{16} = \frac{7}{8} \text{ である。}$$

……(答)(カ, キ)

(2) **A**, **B**, **C** 3枚のカードが入って
いる場合,

(i) 3回目の試行で, 初めて **A**, **B**,
C がそろう場合は,

> 初めの 2 回でそろうのは, (A, B),
> (B, C), (C, A) のいずれでもいい。

$$\underbrace{_3C_2} \times 2 \times 1 = 3 \times 2 \times 1 = 6 \text{ 通り}$$

> 2 回目までに
> A, B がそろう

> 3 回目に
> C が出る

…(答)(ク)

> もちろんこれは, A, B, C の並べ替えの
> 3! = 6 でもいい。

よって, 3回目に初めて **A**, **B**,
C がそろう確率は, $\dfrac{6}{3^3}$ である。

(ii) 4回目の試行で, 初めて **A**, **B**,
C がそろう場合,

> 初めの 3 回でそろうのは, (A, B),
> (B, C), (C, A) のいずれでもいい。

$$\underbrace{_3C_2} \times 6 \times 1 = 18$$

> 3 回目までに A, B が
> そろう ((1)(ii)(ウ))

> 4 回目に
> C が出る

よって, 4回目に初めて, **A**, **B**,
C がそろう確率は,

$$\frac{18}{3^4} = \frac{2}{3^2} = \frac{2}{9} \text{ である。}$$

……(答)(ケ, コ)

(iii) 5回目の試行で, 初めて **A**, **B**,
C がそろう場合は,

> (A, B), (B, C), (C, A) のいずれでもいい。

$$\underbrace{_3C_2} \times 14 \times 1 = 3 \times 14 = 42 \text{ 通り}$$

> 4 回目までに
> A, B がそろう
> ((1)(iii)(エオ))

> 5 回目に
> C が出る

…(答)(サシ)

(3) **A**, **B**, **C**, **D** 4枚のカードが入っ
ている場合, 6回目の試行で, 初めて
A, **B**, **C**, **D** がそろう確率を求める。

(i) 3回目で初めて **A**, **B**, **C** がそろい,
かつ 6回目に **D** が出て, **A**, **B**, **C**,
D が初めてそろう場合の数は,

$$\underbrace{6 \times 3^2 \times 1} = 54 \text{ 通り…(答)(スセ)}$$

> 3 回目で初め
> て A, B, C がそ
> ろう (ク)

> 4, 5 回目は
> A, B, C の
> いずれか

> 6 回目に
> D が出る

(ii) 4回目で初めて **A**, **B**, **C** がそろい,
かつ 6回目に **D** が出て, **A**, **B**, **C**,
D が初めてそろう場合の数は,

$$\underbrace{18 \times 3 \times 1} = 54 \text{ 通り…(答)(ソタ)}$$

> 4 回目で初
> めて A, B,
> C がそろう

> 5 回目は
> A, B, C の
> いずれか

> 6 回目に
> D が出る

(iii) 5回目で初めて **A**, **B**, **C** がそろい,
かつ 6回目に **D** が出て, **A**, **B**,
C, **D** が初めてそろう場合の数は,

$$42 \times 1 = 42 \text{ 通り}$$

(サシ)

以上より, 6回目に初めて **A**,
B, **C**, **D** がそろう確率は,

> そろうのは (A, B, C) だけでなく, $_4C_3$ 通りある。

$$\frac{_4C_3(54 + 54 + 42)}{4^6} = \frac{150}{4^5}$$

$$= \frac{75}{512} \text{ ……(答)(チツ, テトナ)}$$

第4問（選択問題）（配点 20）

T3，T4，T6 を次のようなタイマーとする。

T3：3 進数を 3 桁表示するタイマー

T4：4 進数を 3 桁表示するタイマー

T6：6 進数を 3 桁表示するタイマー

なお，n 進数とは n 進法で表された数のことである。

これらのタイマーは，すべて次の**表示方法**に従うものとする。

表示方法

(a) スタートした時点でタイマーは **000** と表示されている。

(b) タイマーは，スタートした後，表示される数が 1 秒ごとに 1 ずつ増えていき，3 桁で表示できる最大の数が表示された 1 秒後に，表示が **000** に戻る。

(c) タイマーは表示が **000** に戻った後も，(b) と同様に，表示される数が 1 秒ごとに 1 ずつ増えていき，3 桁で表示できる最大の数が表示された 1 秒後に，表示が **000** に戻るという動作を繰り返す。

T3 参考図

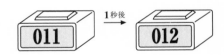

例えば，T3 はスタートしてから 3 進数で $12_{(3)}$ 秒後に **012** と表示される。その後，**222** と表示された 1 秒後に表示が **000** に戻り，その $12_{(3)}$ 秒後に再び **012** と表示される。

(1) T6 は，スタートしてから 10 進数で 40 秒後に **アイウ** と表示される。T4 は，スタートしてから 2 進数で $10011_{(2)}$ 秒後に **エオカ** と表示される。

(2) T4 をスタートさせた後，初めて表示が **000** に戻るのは，スタートしてから 10 進数で **キク** 秒後であり，その後も **キク** 秒ごとに表示が **000** に戻る。

同様の考察を T6 に対しても行うことにより，T4 と T6 を同時にスタートさせた後，初めて両方の表示が同時に **000** に戻るのは，スタートしてから 10 進数で **ケコサシ** 秒後であることがわかる。

(3) **0** 以上の整数 l に対して，**T4** をスタートさせた l 秒後に **T4** が **012** と表示されることと

$$l を \boxed{スセ} で割った余りが \boxed{ソ} であること$$

は同値である。ただし，$\boxed{スセ}$ と $\boxed{ソ}$ は **10** 進法で表示されているものとする。

T3 についても同様の考察を行うことにより，次のことがわかる。

T3 と **T4** を同時にスタートさせてから，初めて両方が同時に **012** と表示されるまでの時間を m 秒とするとき，m は **10** 進法で $\boxed{タチツ}$ と表される。

また，**T4** と **T6** の表示に関する記述として，次の⓪〜③のうち，正しいものは $\boxed{テ}$ である。

$\boxed{テ}$ の解答群

⓪ **T4** と **T6** を同時にスタートさせてから，m 秒後より前に初めて両方が同時に **012** と表示される。

① **T4** と **T6** を同時にスタートさせてから，ちょうど m 秒後に初めて両方が同時に **012** と表示される。

② **T4** と **T6** を同時にスタートさせてから，m 秒後より後に初めて両方が同時に **012** と表示される。

③ **T4** と **T6** を同時にスタートさせてから，両方が同時に **012** と表示されることはない。

ヒント！ **3** 進数，**4** 進数，そして **6** 進数の問題だね。まず，**10** 進数→n 進数や，n 進数→**10** 進数への変換など，基本的な問題から，確実に解いていこう。

---

3 進数，**4** 進数，**6** 進数の **3** 桁表示のタイマー **T3**，**T4**，**T6** について考える。

(1) ・**T6** は，**000** スタートから **40**$_{(10)}$ 秒後には右の計算により，

$$\begin{array}{r} 6\,)\,40 \quad\quad 余り \\ 6\,)\,\underline{6} \cdots\cdots 4 \\ 1 \cdots\cdots 0 \end{array}$$

104$_{(6)}$ と表示される。

……（答）（アイウ）

・**T4** は，スタートから

$$10011_{(2)} = 2^4 + 2 + 1 = 19_{(10)} \text{ 秒後}$$

には，右の計算により，

103$_{(4)}$ と表示される。……（答）（エオカ）

$$\begin{array}{r} 4\,)\,19 \quad\quad 余り \\ 4\,)\,\underline{4} \cdots\cdots 3 \\ 1 \cdots\cdots 0 \end{array}$$

(2) T4 をスタートさせて，初めて **000** の表示になるのは，

$$1000_{(4)} = 4^3 = 2^6 = 64_{(10)} \text{ 秒後である。} \cdots\cdots（答）（キク）$$

同様に，$T6$ をスタートさせて，初めて 000 の表示になるのは，$1000_{(6)} = 6^3 = 216_{(10)}$ 秒後である。

よって，$T4$ と $T6$ の表示が初めて同時に 000 となるのは，

$$2^3 \overline{)\begin{array}{cc} 2^6 & 2^3 \cdot 3^3 \\ 2^3 & 3^3 \end{array}}$$
より，最小公倍数 L は，$L = 2^3 \times 2^3 \times 3^3$

$64(=2^6)$ と 216 $(=6^3=2^3 \cdot 3^3)$ の最小公倍数秒後となる。

∴ $2^6 \times 3^3 = 64 \times 27 = 1728$ 秒後である。………（答）(ケコサシ)

(3)・$T4$ が，l 秒後に $012_{(4)}(=1 \times 4 + 2 = 6_{(10)})$ と表示される場合について考える。

初めて，$012_{(4)}$ と表示されるのは，スタートから $1 \times 4 + 2 = 6_{(10)}$ 秒後であり，その後は，

$1000_{(4)} = 4^3 = 64_{(10)}$ 秒毎に $012_{(4)}$ と表示される。よって，これは，

$l = 64x + 6$ ……①（$x = 0, 1, 2, \cdots$）

と表されるので，このことは，

「l を 64 で割った余りが 6 であること」と同値である。 …（答）(スセ, ソ)

・$T3$ が，l 秒後に $012_{(3)}$ と表示される場合も同様に考えると，

$012_{(3)} = 1 \times 3 + 2 = 5_{(10)}$

$1000_{(3)} = 3^3 = 27_{(10)}$ より，

$l = 27y + 5$ ……②（$y = 0, 1, 2, \cdots$）

以上より，$T3$ と $T4$ を同時にスタートさせてから，初めて両方が同時に 012 と表されるまでの時間を m 秒とおくと，①，②より，

$m = \boxed{64x + 6 = 27y + 5}$ ……③

となる。よって，③より，

$64x + 1 = 27y$ …④（x, y：正の整数）

$\underbrace{65}_{x=1}, \underbrace{129}_{x=2}, \underbrace{193}_{x=3}, \underbrace{257}_{x=4}, \underbrace{321}_{x=5}, \underbrace{385}_{x=6}, \underbrace{449}_{x=7}, \underbrace{513}_{\substack{x=8 \\ \text{のとき}}}$

④は，自然数 x と y の不定方程式より，具体的に係数の大きい x の方を，1，2，3，$\cdots$ と動かして，値を求める。そして，④の右辺は 27 の倍数より，この左辺の値の内，各位の数の和が 9 の倍数なる

10進数の各位の数の和が9の倍数のとき，その10進数は9の倍数

ものを調べると，$x = 8$ のときの 513 が④をみたす可能性がある。

5+1+3=9 となって，513 は 9 の倍数

実際に，$513 = 27y$ より，$y = \dfrac{513}{27} = 19$ となってうまくいく。よって，③の $m = 64x + 6$ の x に $x = 8$ を代入して，

$m = 64 \times 8 + 6 = 518$ 秒後となる。

……（答）(タチツ)

③に y=19 を代入して，m=27×19+5 としてもいい

・次に，$T4$ と $T6$ を同時にスタートして，m 秒後に同時に 012 が表示されるものとすると，

$m = \underbrace{64x + 6}_{1000_{(6)}} = \underbrace{216z + 8}_{012_{(6)}}$ ……④

となる。④の両辺を 2 で割ると，

$\underbrace{32x + 3}_{奇数} = \underbrace{108z + 4}_{偶数}$（$x, z$：正の整数）

となって，これは，左辺は奇数，右辺は偶数なので，この式が成り立つことはない。

∴ ③ ………………………（答）(テ)

第5問（選択問題）（配点 20）

図1のように，平面上に5点 A, B, C, D, E があり，線分 AC, CE, EB, BD, DA によって，星形の図形ができるときを考える。線分 AC と BE の交点を P，AC と BD の交点を Q，BD と CE の交点を R，AD と CE の交点を S，AD と BE の交点を T とする。

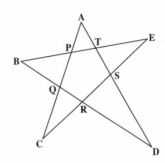

図1

ここでは，**AP：PQ：QC＝2：3：3**，**AT：TS：SD＝1：1：3**を満たす星形の図形を考える。

以下の問題において比を解答する場合は，最も簡単な整数の比で答えよ。

(1) △AQD と直線 CE に着目すると

$$\frac{QR}{RD} \cdot \frac{DS}{SA} \cdot \frac{\boxed{ア}}{CQ} = 1 \text{ が成り立つので}$$

QR：RD＝$\boxed{イ}$：$\boxed{ウ}$ となる。

また，△AQD と直線 BE に着目すると

QB：BD＝$\boxed{エ}$：$\boxed{オ}$ となる。したがって，

BQ：QR：RD＝$\boxed{エ}$：$\boxed{イ}$：$\boxed{ウ}$ となることがわかる。

$\boxed{ア}$ の解答群

⓪ AC	① AP	② AQ	③ CP	④ PQ

(2) 5 点 P, Q, R, S, T が同一円周上にあるとし，**AC=8** であるとする。

(i) 5 点 A, P, Q, S, T に着目すると，**AT : AS = 1 : 2** より

$AT = \sqrt{\boxed{カ}}$ となる。さらに，5 点 D, Q, R, S, T に着目すると，

$DR = 4\sqrt{3}$ となることがわかる。

(ii) 3 点 A, B, C を通る円と点 D との位置関係を，次の**構想**に基づいて調べよう。

構想

線分 AC と BD の交点 Q に着目し，**AQ・CQ** と **BQ・DQ** の大小を比べる。

まず，**AQ・CQ = 5・3 = 15** かつ **BQ・DQ =** $\boxed{キク}$ であるから

AQ・CQ $\boxed{ケ}$ **BQ・DQ** ……① が成り立つ。また，3 点 A, B, C を通る円と直線 BD との交点のうち，B と異なる点を X とすると，

AQ・CQ $\boxed{コ}$ **BQ・XQ** ……② が成り立つ。

①と②の左辺は同じなので，①と②の右辺を比べることにより，

XQ $\boxed{サ}$ **DQ** が得られる。したがって，点 D は 3 点 A, B, C を通る円の $\boxed{シ}$ にある。

$\boxed{ケ}$ ～ $\boxed{サ}$ の解答群 (同じものを繰り返し選んでもよい。)

⓪ <	① =	② >

$\boxed{シ}$ の解答群

⓪ 内 部	① 周 上	② 外 部

(iii) 3 点 C, D, E を通る円と 2 点 A, B との位置関係について調べよう。この星形の図形において，さらに **CR = RS = SE = 3** となることがわかる。したがって，点 A は 3 点 C, D, E を通る円の $\boxed{ス}$ にあり，点 B は 3 点 C, D, E を通る円の $\boxed{セ}$ にある。

$\boxed{ス}$，$\boxed{セ}$ の解答群 (同じものを繰り返し選んでもよい。)

⓪ 内 部	① 周 上	② 外 部

ヒント！ 星形の図形の問題だけれど，メネラウスの定理や方べきの定理をうまく使って，図を描きながら解いていくといいんだね。

・AP：PQ：QC
　＝2：3：3
・AT：TS：SD
　＝1：1：3 より，
右図のようになる。

(1) RD：QR
　＝m：n
とおくと，
△ACD に
メネラウスの
定理を用いると，

$$\frac{AC}{QC} \times \frac{SD}{AS} \times \frac{RQ}{DR} = 1$$

∴ ⓪ ‥‥‥‥‥‥‥‥‥（答）（ア）

よって，

$$\frac{8}{3} \times \frac{3}{2} \times \frac{n}{m} = 1$$

$$\frac{n}{m} = \frac{1}{4}$$

∴ QR：RD
　＝n：m
　＝1：4
…（答）（イ, ウ）

次に，BQ：QD
　＝s：5 とおき，
△ABD にまた
メネラウスの定
理を用いると，

$$\frac{s+5}{s} \times \frac{1}{4} \times \frac{3}{2} = 1$$

$$3(s+5) = 8s$$

$$5s = 15 \quad ∴ s = 3$$

∴ QB：BD＝3：8 である。
　　　‥‥‥（答）（エ, オ）

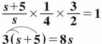
メネラウスの定理
$$\frac{②}{①} \times \frac{④}{③} \times \frac{⑥}{⑤} = 1$$

以上より，

BQ：QR：RD
　＝3：1：4
となる。

(2)(ⅰ) AC＝8 であるので，AP：PQ
：QC＝2：3：3 の比より，AP
＝2，PQ＝3，QC＝3 となる。

ここで，五角形
PQRST が同
一円周上にある
とき，

AT：AS
　＝1：2 より，
AT＝x，AS＝
2x とおいて，
方べきの定理
を用いて，

$$2 \times 5 = x \times 2x$$

$$x^2 = 5$$

∴ $x = AT = \sqrt{5}$
　‥‥‥（答）（カ）

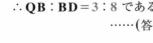
方べきの定理
$$x \cdot y = z \cdot w$$

同様に，方べき
の定理を用いると，DR＝$4\sqrt{3}$

DR＝y とおくと，方べきの定理より，
$y \times \frac{5}{4}y = 3\sqrt{5} \times 4\sqrt{5}$ から，$y^2 = 4^2 \times 3$
∴ $y = DR = 4\sqrt{3}$

(ⅱ) △ABC の外接円と点 D との位
置関係を調べる。

$$AQ \cdot CQ = 5 \times 3 = 15$$

$$BQ \cdot DQ = 3\sqrt{3} \times 5\sqrt{3} = 45$$
　　　‥‥‥（答）（キク）

よって，AQ・CQ＜BQ・DQ
　　　　‥‥‥① となる。

∴ ⓪ ‥‥‥‥‥‥‥（答）（ケ）

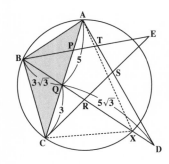

また, △ABC の外接円と直線
BD の交点のうち, B と異なる
ものを X とおくと, 方べきの
定理より,

AQ・CQ＝BQ・XQ ……②
となる。

∴① ………………(答)(コ)

①と②の
左辺は,

AQ・CQ
で等しい
ので,

方べきの定理
$x・y＝z・w$

BQ・XQ＜BQ・DQ
両辺を BQ（＞0）
で割って, XQ＜DQ

∴⓪ ………………(答)(サ)

よって, 点 D は, △ABC の外
接円の外部に存在する。

∴② ………………(答)(シ)

(iii) △CDE の外接円と2点 A, B の
位置関係を調べる。

CR＝RS＝SE＝3 は与えられている。

> これも, メネラウスの定理と方べきの定
> 理から導けるけれど, ここでは与えられ
> ているので, そのまま使う。

(ア) 点 A について,

CS・SE＜ DS・SA
$[6×3 ＜3\sqrt{5}×2\sqrt{5}]$

よって, 点 A は△CDE の
外接円の外部に存在する。

(イ) 点 B について,

CR・RE＜ DR・RB
$[3×6 ＜4\sqrt{3}×4\sqrt{3}]$

よって, 点 B は△CDE の
外接円の外部に存在する。

以上 (ア)(イ) より,

∴②…(答)(ス), ②…(答)(セ)

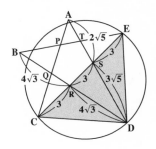

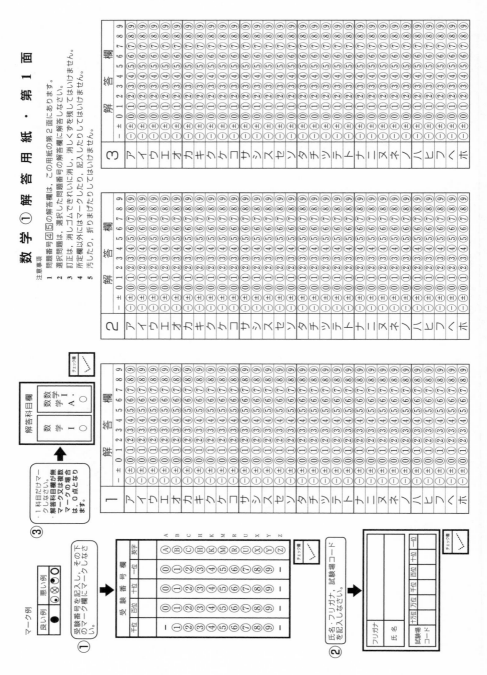

数学①解答用紙・第2面

注意事項
1 問題番号①②③の解答欄は、この用紙の第1面にあります。
2 選択問題は、選択した問題番号の解答欄に解答しなさい。
3 訂正は、消しゴムできれいに消し、消しくずを残してはいけません。
4 所定欄以外にはマークしたり、記入したりしてはいけません。
5 汚したり、折りまげたりしてはいけません。

5 解答欄

行：ア イ ウ エ オ カ キ ク ケ コ サ シ ス セ ソ タ チ ツ テ ト ナ ニ ヌ ネ ノ ハ ヒ フ ヘ ホ
列：− ± 0 1 2 3 4 5 6 7 8 9

4 解答欄

行：ア イ ウ エ オ カ キ ク ケ コ サ シ ス セ ソ タ チ ツ テ ト ナ ニ ヌ ネ ノ ハ ヒ フ ヘ ホ
列：− ± 0 1 2 3 4 5 6 7 8 9

マーク例

良い例	悪い例
●	⊙ ⊗ ◐ ○

177

スバラシク得点できる数学Ⅰ・A
共通テスト 数学Ⅰ・A 過去問題集
2025年度版 快速！解答

マセマ

著　者　馬場 敬之
発行者　馬場 敬之
発行所　マセマ出版社
〒 332-0023 埼玉県川口市飯塚 3-7-21-502
TEL 048-253-1734　　FAX 048-253-1729
Email：info@mathema.jp
https://www.mathema.jp

編　集	七里 啓之	
校閲・校正	高杉 豊　馬場 貴史　秋野 麻里子	
制作協力	久池井 茂　栄 瑠璃子　真下 久志	
	瀬口 訓仁　迫田 圭介　間宮 栄二	
	町田 朱美	
カバーデザイン	馬場 冬之	
ロゴデザイン	馬場 利貞	
印刷所	中央精版印刷株式会社	

平成 27 年 7 月 27 日 初版　　　　4 刷
平成 29 年 6 月 13 日 2018 年度版 4 刷
平成 30 年 6 月 9 日 2019 年度版 4 刷
令和 元 年 6 月 9 日 2020 年度版 4 刷
令和 2 年 6 月 11 日 2021 年度版 4 刷
令和 3 年 6 月 16 日 2022 年度版 4 刷
令和 4 年 6 月 17 日 2023 年度版 4 刷
令和 5 年 6 月 14 日 2024 年度版 4 刷
令和 6 年 7 月 17 日 2025 年度版 初版発行